计算机及应用专业职业教育新课改教程

Visual FoxPro 项目教程

主　编　徐　英

副主编　徐勤芬

参　编　俞丽芳

主　审　朱葛俊

机械工业出版社

本书围绕"学生信息管理系统"这一项目的开发过程进行分析和描述，具体分为系统展示、项目数据的输入、项目数据的查询、项目数据的输出、系统界面设计、应用程序的创建与发布、项目实战等模块。通过实施项目任务，读者能在潜移默化中掌握 Visual FoxPro 6.0 数据库管理系统相关的知识与技能，并能做到举一反三，触类旁通，完成类似项目的设计与开发。任务的描述力求简洁明了，步骤清晰流畅，贴近学习者的思维，突出基础性、实用性。

本书可作为职业技术学校计算机及应用类专业和财会类专业的数据库基础课程教材，也可作为各类计算机培训班教材或参加全国计算机等级考试二级的参考书，还可供初学者自学使用。

本书配有教师授课用电子课件，选择本书作为教材的教师可到机械工业出版社教材服务网 www.cmpedu.com 免费注册并下载，或联系编辑（010-88379194）索取。

图书在版编目（CIP）数据

Visual FoxPro 项目教程/徐英主编 . —北京：机械工业出版社，2010.6
计算机及应用专业职业教育新课改教程
ISBN 978-7-111-30901-7

Ⅰ.V... Ⅱ.徐... Ⅲ.关系数据库—数据库管理系统，Visual FoxPro—高等
学校—教材 Ⅳ.TP311.138

中国版本图书馆 CIP 数据核字（2010）第 103294 号

机械工业出版社（北京市百万庄大街 22 号 邮政编码 100037）
策划编辑：孔熹峻 责任编辑：梁 伟
责任印制：乔 宇
北京机工印刷厂印刷（三河市南杨庄国丰装订厂装订）
2010 年 7 月第 1 版第 1 次印刷
184mm×260mm · 11 印张 · 268 千字
0 001—3 000 册
标准书号：ISBN 978-7-111-30901-7
定价：23.00 元

凡购本书，如有缺页、倒页、脱页，由本社发行部调换
电话服务 网络服务
社服务中心：（010）88361066
销售一部：（010）68326294 门户网：http://www.cmpbook.com
销售二部：（010）88379649 教材网：http://www.cmpedu.com
读者服务部：（010）68993821 **封面无防伪标均为盗版**

前　言

　　本书是中、高等职业技术学校计算机及应用类专业和财会类专业教学用书，以项目任务引领，在完成任务的过程中学习数据库管理系统相关的知识与技能，使初学者较易入门，也可作为参加全国计算机等级考试二级 Visual FoxPro 的参考书及自学用书。

　　Visual FoxPro 6.0 是一种面向对象的开发数据库系统的优秀工具，在我国有着众多的使用者；本书以初学数据库的学生为教学对象，通过学习本书，学生能对数据库管理系统的基础知识和操作方法有一个全面的了解，能培养学生使用数据库管理系统进行数据处理的能力，为将来在各类企事业单位从事计算机数据库系统的应用开发、管理和维护工作打下良好的基础。目前，中、高等职业技术学校计算机及应用类专业和财会类专业，都将它作为一门专业基础课开设。

　　本书的主要特点如下：

　　1）本书是围绕"学生信息管理系统"这一项目的开发过程进行分析和描述的，符合学生的学习规律，使学生对应用系统开发过程有一个清晰的认识。其开发过程即本书主要内容，具体分为：项目 1 为系统展示，主要通过介绍一个应用系统实例让学生对 Visual FoxPro 6.0 数据库管理系统有一个系统的认识；项目 2 为项目数据的输入，主要介绍如何收集、组织、输入、管理数据；项目 3 为项目数据的查询，主要介绍数据的查找与更新；项目 4 为项目数据的输出，主要介绍报表的创建；项目 5 为系统界面设计，主要介绍表单、菜单等的设计方法；项目 6 为应用程序的创建与发布，主要明确编译应用的基本方法；项目 7 为项目实战，通过对另一个应用系统实例——工资管理系统的设计与应用，培养学生使用数据库管理系统处理数据的能力，初步培养学生的程序设计能力，使学生能学以致用。

　　2）在章节栏目上，我们将每个项目分成若干任务，对其中的每个任务做了如下安排。

● 任务描述：设计或提出一个具体的工作任务，通过展示最终成果，使学习者对所要完成的任务有一个感性的认识。

● 任务分析：针对具体的工作任务，对怎样着手开展工作任务进行分析、剖析，以便有计划、分步骤地完成任务。

● 任务实施：对方法与操作步骤进行详细地讲解，使学习者能井井有条地完成任务。

● 触类旁通：用"技术支持"的形式，对本任务所涉及的相关知识与技能进行系统的讲解；用"拓展实践"的形式，巩固所学知识和技能，并在原有基础上有所拓展和加深。

　　对每一项目，用"归纳小结"的形式对项目中所涉及的任务进行归纳小结，用"实战强化"的形式，给出另一个与学生信息管理系统相类似的任务，由学生独立或通过小组合作完成。

本书由徐英担任主编、徐勤芬担任副主编、俞丽芳参与编写。其中项目 1、项目 3、项目 5 由徐英负责编写，项目 6、项目 7 由俞丽芳负责编写，项目 2 由徐勤芬负责编写，项目 4 由三人共同编写，特聘请常州机电职业技术学院朱葛俊教授担任本书的主审。

限于编者水平，书中难免存在不足之处，恳请广大读者批评指正。

编　者

目　　录

项目 1　系　统　展　示

【职业能力目标】
1）通过展示"学生信息管理系统"，了解本系统各部分组成及其基本功能。
2）能初步了解 Visual FoxPro 6.0 系统的窗口界面及运行环境的配置。
3）了解信息管理系统的主要组成部分。

任务——认识 VFP

任务描述

浏览"学生信息管理系统"，并按以下要求完成 4 个子任务：

1）了解本系统各部分组成及其基本功能。

2）在"档案管理"中，查询"丁飞"的档案情况。

3）在"成绩管理"中，按班级分组输出学生成绩表，并统计各班级学生成绩平均分。

4）在"系统维护"中进行密码修改操作。

任务分析

本"学生信息管理系统"是用 Visual FoxPro 6.0 软件编制的信息管理系统，通过浏览该系统，熟悉 Visual FoxPro 6.0 系统中最主要的对象——表、查询、表单、报表、应用程序等。要完成以上 4 个子任务，只要运用菜单一步步完成即可。通过完成 4 个子任务，主要是为了搞清楚学生信息管理系统究竟有什么用处，它能解决哪些问题，Visual FoxPro 6.0 系统是由哪些部分组成，各部分功能怎样。

任务实施

（1）进入"学生信息管理系统"，了解本系统各部分组成及其基本功能

1）启动 Visual FoxPro 6.0，在"文件"菜单中选择"打开"命令，出现如图 1-1 所示的"打开"对话框。

2）选择"学生信息管理系统 .pjx"，单击"确定"按钮，打开如图 1-2 所示的"学生信息管理系统"项目管理器。

3）从"学生信息管理系统"项目管理器窗口中，选择"应用程序"中的"学生信息管理系统程序"，并单击"运行"按钮，即打开如图 1-3 所示的登录"学生信息管理系统登录界面"的窗口（即登录表单）。

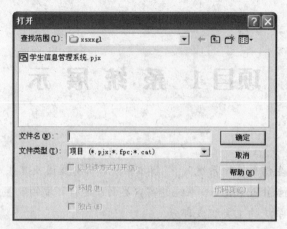

图 1-1 "打开"对话框

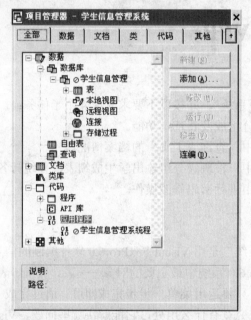

图 1-2 "学生信息管理系统"项目管理器

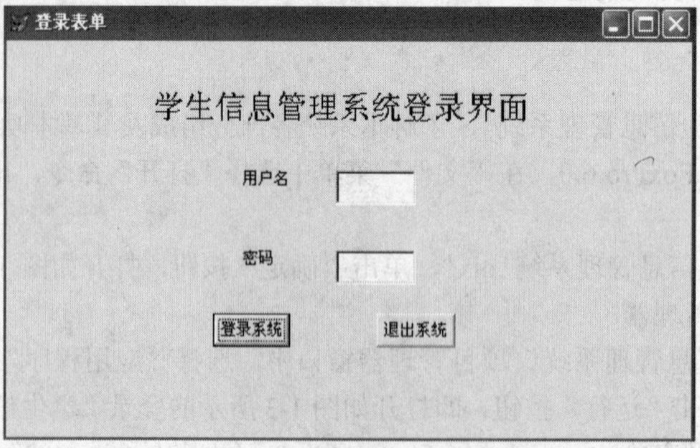

图 1-3 "学生信息管理系统登录界面"窗口

4）在上述窗口中输入用户名和相应的密码，例如，丁飞、222，单击"登录系统"命令按钮，即进入"学生信息管理系统"主菜单，如图1-4所示。

图1-4 "学生信息管理系统"主菜单

5）由主菜单可知，学生信息管理系统主要由档案管理、成绩管理、系统维护三部分组成。

（2）在"档案管理"菜单中，查询"丁飞"的档案情况

1）"学生信息管理系统"主菜单中，先选中"档案管理"菜单，再选择其中的"档案查询"，即得到如图1-5所示的"学生档案查询"窗口。

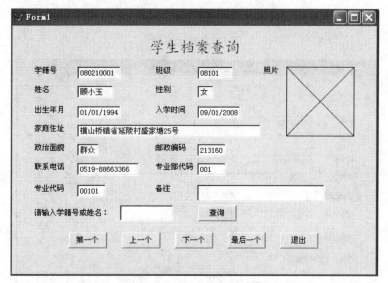

图1-5 "学生档案查询"窗口

2）在"学生档案查询"窗口中，可以通过单击"第一个"、"上一个"、"下一个"、"最后一个"这些按钮，粗略查看学生档案，如单击"最后一个"按钮，得到如图1-6所示的查询窗口。

3）若直接单击"查询"按钮，则得到如图1-7所示的提示窗口。同时，将光标定位到"请输入学籍号或姓名："后的文本框中。

4）若要进行精确查询，如查询姓名为"丁飞"的档案信息，则先要在"请输入学籍号或姓名："后的文本框中输入丁飞，再单击"查询"按钮，即可查询到姓名为"丁飞"的学生的档案信息，如图1-8所示。

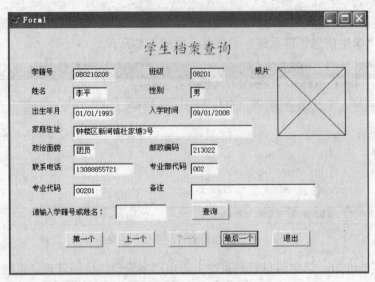

图 1-6　查看"最后一个"学生的档案信息窗口

图 1-7　提示窗口

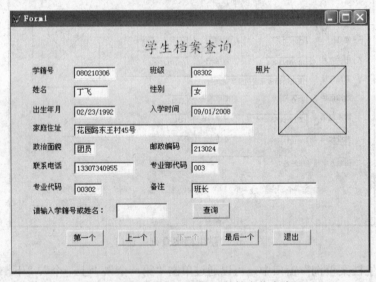

图 1-8　查询姓名为"丁飞"的档案信息窗口

（3）在"成绩管理"中，按班级分组输出学生成绩表，并统计各班级学生成绩平均分

在"学生信息管理系统"主菜单中，先选中"成绩管理"菜单，再选择其中的"成绩输出"下面的"按班级分组输出学生成绩表"，即得到如图 1-9 所示的各班级学生成绩表及成绩的平均分窗口（即按班级分组输出成绩表报表）。

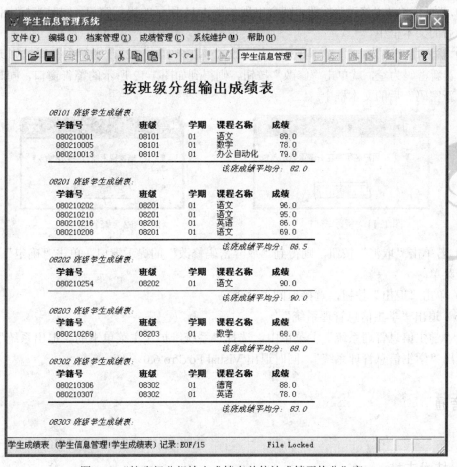

图1-9 "按班级分组输出成绩表并统计成绩平均分"窗口

（4）在"系统维护"中进行密码修改操作

1）选择"系统维护"主菜单下的"密码修改"，得到如图1-10所示的"用户密码修改"窗口。

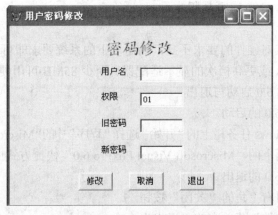

图1-10 "用户密码修改"窗口

2）若直接单击"修改"按钮，则会出现如图 1-11 所示的提示窗口，同时光标定位到"用户名"后的文本框中。

3）输入用户名为：丁飞，旧密码为：222，新密码为：222，则得到密码已修改的提示窗口，若新密码为空，就单击"修改"按钮，则得到如图 1-12 所示的警告窗口，同时光标定位到"新密码"后的文本框中。

图 1-11　提示窗口

图 1-12　警告窗口

4）若单击"取消"按钮，则得到"放弃密码修改"的提示窗口，单击"确定"按钮后，返回主菜单。

5）单击"退出"按钮，直接返回主菜单。

（5）退出"学生信息管理系统"

在"学生信息管理系统"主菜单中，选择"系统维护"主菜单下的"退出系统"命令，立即退出"学生信息管理系统"，同时退出 Visual FoxPro 6.0 系统。

触类旁通

技术支持

（1）Visual FoxPro 6.0 运行环境

1）软件环境。

Visual FoxPro 6.0 可安装在以下操作系统环境中：Windows 98、Windows 2000、Windows XP、Windows NT 或更高版本。

2）硬件环境。

Visual FoxPro 6.0 对硬件的要求不高，满足以下的系统要求即可：80486 以上处理器、16MB 以上内存、VGA 或更高档次的显示适配器、至少 85MB 可用硬盘空间。

（2）Visual FoxPro 6.0 启动与退出

1）Visual FoxPro 6.0 的启动。

方法一：单击 Windows 任务栏上的"开始"选择"程序"中的"Miscrosoft Visual FoxPro 6.0"。

方法二：双击桌面上的"Miscrosoft Visual FoxPro 6.0"快捷方式图标。

2）Visual FoxPro 6.0 的退出。

方法一：单击窗口右上角的"关闭"按钮▣。

方法二：单击"文件"菜单中的"退出"命令。

方法三：快捷键<Alt+F4>。

方法四：在命令窗口中输入"QUIT"命令。

方法五：双击标题栏左上角的图标 ■ 。

（3）Visual FoxPro 6.0 的用户界面

启动 Visual FoxPro 6.0 后，出现如图 1-13 所示的系统界面。

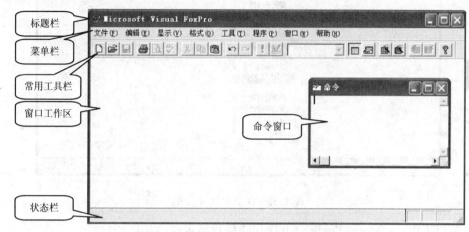

图 1-13 Visual FoxPro 6.0 系统界面

1）标题栏：窗口的第一行是标题栏，标题栏中除了有标题外，还有"最小化"、"最大化"和"关闭"按钮。

2）菜单栏：显示所有菜单选项。

3）工具栏：显示常用的工具图标。Visual FoxPro 6.0 提供了 11 个预定的工具栏，第一次使用时，只有一个常用工具栏显示出来。

● 常用工具栏：按钮的功能依次是新建、打开、保存、打印一个副本、打印预览、拼写检查、剪切、复制、粘贴、撤销、重做、运行、修改表单、数据库、命令窗口、数据工作期窗口、表单、报表、自动表单向导、行动报表向导、帮助。当将鼠标停留在工具栏上的按钮图标上时，会自动显示该按钮图标的功能。

若想打开其他的工具栏，则可以自定义工具栏。

● 自定义工具栏：单击"显示"菜单下的"工具栏"，出现如图 1-14 所示的"工具栏"对话框，选择所需打开的工具栏，单击"确定"，即可添加其他工具栏。也可将鼠标放在已有工具栏的空白处右击，也会弹出工具栏快捷菜单，单击选中即可，如图 1-15 所示。

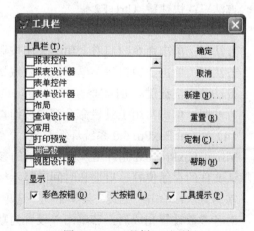

图 1-14 "工具栏"对话框

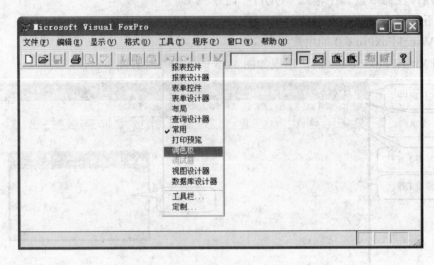

图 1-15　工具栏快捷菜单

4）窗口工作区：Visual FoxPro 6.0 操作的信息显示窗口。

5）状态栏：显示当前操作的状态信息。状态栏信息一般有 3 种：一是配合菜单显示选项的功能；二是显示系统对用户的反馈信息；三是显示键的当前状态。

6）命令窗口：可以在该窗口中输入操作命令。

一方面，一些简单的事件可以通过命令执行，十分方便；另一方面，用菜单进行的操作，也会出现在命令窗口中，如果用复制、粘贴等方法，可以十分方便地获取这些命令。

● 显示命令窗口：

方法一：单击"窗口"菜单下的"命令窗口"。

方法二：单击常用工具栏命令窗口按钮▦。

方法三：快捷键<Ctrl+F2>。

● 关闭命令窗口

方法一：单击命令窗口右上角的关闭按钮✕。

方法二：单击"窗口"菜单下的"隐藏"命令。

方法三：快捷键<Ctrl+F4>。

方法四：单击常用工具栏命令窗口按钮▦。

（4）Visual FoxPro 6.0 系统环境配置

Visual FoxPro 6.0 允许用户设置大量的参数来决定它的工作方式以提高工作效率，如设置默认文件的存储位置、日期和时间的显示格式等。

常用方法：单击"工具"菜单下的"选项"命令，打开"选项"对话框，如图 1-16 所示。

对各参数设置完成后，若单击"设置为默认值"按钮，即可将该设置设为初始状态值，否则，在下次启动时将恢复原有设置。

1）"显示"选项卡：可设置是否显示状态栏、时钟、命令结果、系统信息等。

2）"常规"选项卡：可设置一些常规属性。如选中"默认"，则会在用户输入非法数据后响铃。若在"编程"框中选中"按<Esc>键取消程序运行"，则在输入记录时，如按下<Esc>键，则会使输入的内容作废。还有文件被替换时，是否有消息框出现，以便让用户进行确认等。一般均为默认方式，如图 1-17 所示。

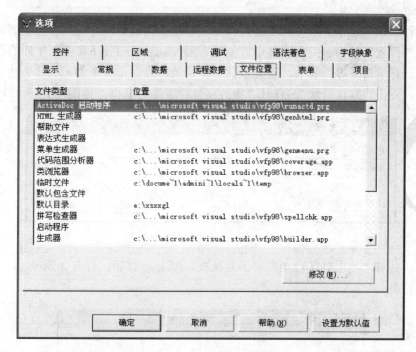

图 1-16 "选项"对话框

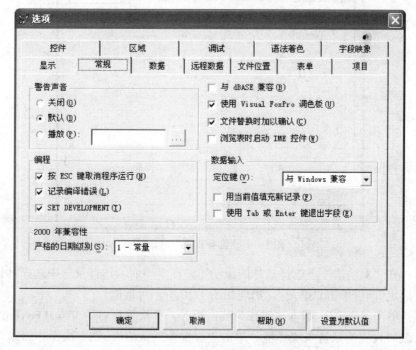

图 1-17 "常规"选项卡对话框

3）"数据"选项卡：可设置一些有关数据的选项。如在索引中是否允许出现重复记录，打开文件时是以独享的方式还是共享方式，字符串比较是精确比较"set exact on"，还是相似比较"set near on"等。

4）"远程数据"选项卡：可对"远程视图"和连接默认值进行一些参数设置。

5）"文件位置"选项卡：可在其中方便地查阅 Visual FoxPro 6.0 各个文件的存储位置，如临时文件、存放目录等。其中，设置默认工作目录，显得尤其重要。具体方法如下。

第一步：双击"默认目录"，打开"更改文件位置"对话框，如图 1-18 所示。

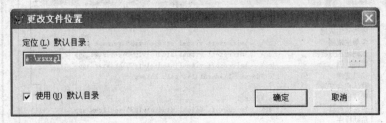

图 1-18 "更改文件位置"对话框

第二步：选择"使用默认目录"前的复选框，单击 按钮，打开如图 1-19 所示的"选择目录"对话框。

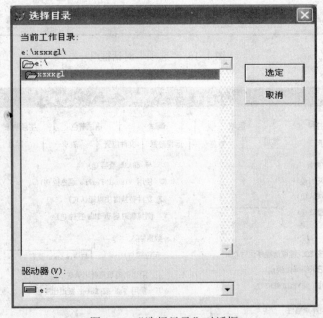

图 1-19 "选择目录"对话框

第三步：在"驱动器"下选择具体的驱动器，在"当前工作目录"中选择具体的工作目录，单击"选定"，再单击"确定"，出现如图 1-20 所示对话框。

第四步：单击"确定"，则本次操作为临时更改，下次重新启动 Visual FoxPro 6.0 后，系统仍保持安装时设置的默认系统环境。单击"设置为默认值"，则本次操作为永久性更改，每次启动 Visual FoxPro 6.0 后，更改后的参数作为默认的环境配置。

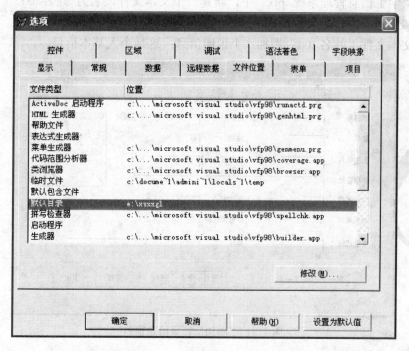

图 1-20 "文件位置"选项对话框

6)"表单"选项卡：可设置表单设计器的各个选项。如选择网格线，将在表单设计器中显示网格线。

7)"项目"选项卡：设置项目管理器的一些选项。

8)"控件"选项卡：可添加自定义控件，或自定义类库等。

9)"区域"选项卡：可设置日期、时间、货币值等内容的显示形式。

10)"调试"选项卡：可设置调试窗口操作的可设置选项。

11)"语法着色"选项卡：可指定窗口中不同元素的不同颜色。

12)"字段映象"选项卡：设置在定制表单时确定用户创建控件的类型。

拓展实践

1）启动 Visual FoxPro 6.0，打开"学生信息管理系统 .pjx"，并运行"应用程序"下的"学生信息管理系统程序 .app"程序，以"丁飞"为用户名，"222"为密码，登录"学生信息管理系统"，在主菜单中，选择"档案管理"下的"档案录入"，在如图 1-21 所示的窗口中添加自己的档案信息，添加完后单击"退出"按钮，并使用主菜单，退出"学生信息管理系统"。

2）启动 Visual FoxPro 6.0，在系统界面中打开"调色板"工具栏，如图 1-22 所示。

3）设置系统默认工作目录为：d:\学生信息管理系统。

4）将系统日期格式设置为"年月日"的形式。

5）在"学生信息管理系统 .pjx"中，新建一个文本文件，名为"姓名 .txt"（注：姓名为自己的具体名字），内容为：我是×××班的×××。

6）为文本文件"姓名 .txt"添加一个说明信息：这是个人基本信息。

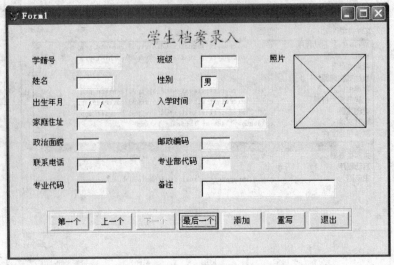

图 1-21 "添加"档案信息窗口

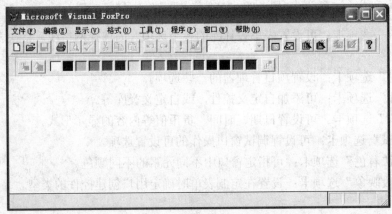

图 1-22 打开了"调色板"工具栏的系统界面

项 目 小 结

在本项目中，通过展示"学生信息管理系统"，可以让学习者在以下方面有所掌握和提高：

1）通过浏览"学生信息管理系统"，了解 Visual FoxPro 6.0 应用系统一般的组成部分及其基本功能，并对 Visual FoxPro 6.0 系统有一个初步的认识。

2）掌握启动与退出 Visual FoxPro 6.0 的方法。

3）能较全面地认识 Visual FoxPro 6.0 工作界面。

4）掌握 Visual FoxPro 6.0 常用系统环境的配置，特别是能正确设置默认工作目录。

实 战 强 化

1. "学生信息管理系统"中共有哪几张表？

2. 请为"图书管理系统"设计一个简单的主菜单。

项目2　项目数据的输入

【职业能力目标】

1）理解数据库中的数据概念。

2）弄清数据库中的常用术语。

3）了解开发应用系统收集原始数据的过程。

4）能合理地设计数据表。

5）会科学地管理数据。

任务1——收集原始数据

任务描述

根据系统的任务和目标，确定本系统所包含的原始数据。

任务分析

学生信息管理系统用来管理学生的档案信息。本系统主要针对中职学校。学校的组织机构主要分为部门、专业和班级；学生信息一般包括机构信息（部门、专业和班级）、课程信息、学生基本信息、学生成绩信息等。因此原始数据主要包括学生基本档案数据和成绩数据。

任务实施

（1）明确系统的任务

学生信息管理系统作为学校管理学生档案的重要工具，其任务主要包括以下几项：

1）档案管理：主要负责管理学生基本档案信息。

2）成绩管理：主要负责管理学生的考试成绩。

3）系统管理：负责管理用户信息和用户登录。

（2）确定系统目标

学生信息管理系统是一个现代化软件系统，它通过集中式的信息数据库，将各种档案管理功能结合起来，达到共享数据、降低成本、提高效率、改进服务等目的。一般而言，该系统应达到以下目标：

1）能够管理学生在校期间的各类档案。

2）能够快速进行各类档案的信息查询。

3）能够对所有档案信息提供报表功能。

4）减少人工的参与和基础信息的录入，具有良好的自治功能和信息循环。

（3）系统要处理的原始数据

根据以上对学生信息管理系统的任务和分析，该系统所要处理的数据主要是档案数据和成绩数据。

1）"档案管理"模块。

该模块负责维护学生的基本信息，主要应具有增加、修改、删除和查询功能。基本信息包括学籍号、姓名、入学日期、班级、性别、出生年月等，而身高、体重等在学生学籍中可有可无。

2）"成绩管理"模块。

该模块主要负责管理学生成绩，包括成绩录入、成绩统计等。其成绩信息包括学籍号、课程号、成绩等。

触类旁通

技术支持

（1）认识数据

1）数据（Data）：简单说来，数据就是描述事物的符号。从计算机学科角度来说，数据是能被计算机存储和处理、反映客观事物的符号。如学校要管理学生的学号、姓名、性别、照片、出生年月、奖惩、各科学习成绩等数据。所有这些文字、数字和图片都是能被计算机存储和处理的。

2）数据的两个方面：数据的表现形式和数据的解释。

例如，数据为（王小亮，男，16，1994，常州，信息工程部，2009）

表现形式：文字、数字

数据解释：王小亮是个职高生，1994 年出生，男性，常州人，2009 年考入信息工程部

（2）认识信息

信息是经过加工之后形成的有价值的数据。所有的信息都是数据，但数据不一定都是信息。

拓展实践

图书管理系统中要处理哪些与图书相关的数据？

任务 2——组织数据

任务描述

根据任务 1 的原始数据，以适当的表格合理组织数据，即确定系统所需用的表的个数、作用及各表的结构和内容。

任务分析

现实生活中有大量的数据需要管理。如学校要管理学生的相关数据、图书馆要管理图书的相关数据、企业要管理产品的相关数据等，这些数据都是混乱无序的，如不进行有效管理，将给工作带来许多不便，为此，人们常常根据需要把数据进行分类、整理，使用表格按一定的原则组织数据，一个系统可以处理多个数据表，但数据表的个数并不是越多越好，否则可能造成一个数据在多个表中出现，这样易破坏数据的完整性，所以必须合理地设计表格，降低数据的冗余度（指同一个数据在数据库中重复存放的次数）。

任务实施

（1）确定系统所需数据表

学生信息管理系统对学生的学籍进行管理，需要管理学生的档案数据、成绩数据，可以把这两类数据分别用两个表来组织。学生档案表用于组织学生的基本信息，学生成绩表用于组织学生的成绩信息；另外还需要学生课程表、专业类别表、专业设置表和用户信息表，所以共需 6 个数据表。

1）学生档案表，见表 2-1。

表 2-1　学生档案表

学 籍 号	姓 名	班 级	性 别	出 生 年 月	入 学 时 间	照 片	备 注

2）学生成绩表，见表 2-2。

表 2-2　学生成绩表

学 籍 号	班 级	学 期	课程代码	成 绩

以上的表格是有一定规则的，它是一张二维表，只有行和列组成，一行代表一个学生的情况，在 Visual FoxPro 6.0 中称为记录；一列代表某一类型数据，如姓名列，均为字符型数据，出生日期列均为日期型数据等，在 Visual FoxPro 6.0 中某一列属性称为字段，因此，字段的类型即由对应列的数据类型决定。

3）学生课程表格设为两列，分别是课程代码和课程名称。

4）专业类别表格设为两列，分别是专业部代码和专业部名称。

5）专业设置表格设为两列，分别是专业代码和专业名称。

6）用户信息表格设为三列，分别是用户名、权限和密码。

（2）确定数据表结构

1）学生档案表结构，见表2-3。

表2-3 学生档案表结构

字 段 名 称	数 据 类 型	可 否 为 空
学籍号	字符型	主键
姓名	字符型	
班级	字符型	
性别	字符型	
出生年月	日期型	
是否团员	逻辑型	
入学时间	日期型	
家庭住址	字符型	
邮政编码	字符型	
联系电话	字符型	
专业部代码	字符型	
专业代码	字符型	
照片	通用型	
备注	备注型	

2）学生成绩表结构，见表2-4。

表2-4 学生成绩表结构

字 段 名 称	数 据 类 型	可 否 为 空
学籍号	字符型	主键
班级	字符型	
学期	字符型	
课程代码	字符型	
成绩	数值型	

触类旁通

技术支持

（1）表

VFP 利用表保存数据，表包括表结构和表数据两部分。表结构由字段的定义组成，数据按表结构的规定有序存放。VFP 中有两种表，分别是数据库表和自由表，两者具体概念见任务 3。

（2）字段

二维表中垂直方向的列称为字段（也称属性）。一个表最多允许有 255 个字段。例如，学生成绩表中有 5 列，该表就有 5 个字段。字段分别是学籍号、班级、学期、课程代码和成绩。

每个字段包含有 4 个方面内容：字段名称、字段类型、字段宽度和小数位数。

1）字段名称：就是表中列的名称，在命名字段名时必须注意以下几点：

● 数据库表的字段名最长为 128 个字符，自由表中的字段名最长为 10 个字符。

● 字段名必须以字母或汉字开头。

● 字段名可以由字母、汉字、数字和下划线组成，但不能有空格。

2）字段类型：指该字段所存储的数据类型。例如，"成绩"字段存储的是学生考试成绩，属于数值型，"姓名"字段存储的是学生姓名，属于字符型。

3）字段宽度：指该字段存放数据的最大位数。例如，"姓名"字段为字符型数据，若宽度为 6，则只能存放 3 个汉字的数据。

4）小数位数：表示数值型数据小数点后的位数。若有一个数值型数据为 98.5，则该数据所占的宽度为 4，其中小数点占 1 位，小数位数有 1 位，整数位有 2 位，所以该字段长度至少应设置为 4。

常用的数据类型见表 2-5。

表 2-5　常用的数据类型

类　型	标　识	宽　度	说　明
字符型	C		用来存储不参与计算的数据。最多可存储 254 个字符。如编号、名称、地址等
数值型	N		用来存储参与计算的整数或小数。宽度包括小数点在内的总宽度，小数位数是小数点后的位数
日期型	D	8	用来存储日期。如出生日期、工作日期等，默认格式为"月/日/年"的形式
逻辑型	L	1	用来存储逻辑真".T."或逻辑假".F."的值。如婚否
备注型	M	4	用来存储大量的、不定长度的字符型文本。如生产厂家介绍、简历等
通用型	G	4	用来存储图片、电子表格、文件、声音、影片、统计分析图等 OLE 对象

（3）记录

二维表中水平方向的行称为记录（也称元组）。例如，学生成绩表中有 5 行，就表示有 5 个记录。

（4）设计表结构的原则

设计表，实质上是设计表的结构，这是一个比较困难的工作。主要原因是设计出来的表在最后未必都是正确的，可能会有遗漏或不当之处。因此，在使用 Visual FoxPro 6.0 设计表时，应当先在纸上将表结构设计好，在设计时必须遵循一定的原则。

1）每个表应该只包含关于一个主题的信息。

一个表只有一个主题的好处在于便于维护，不影响其主表。例如，在学生档案表中，保存的是学生的有关信息，但并不是将学生的所有信息都放在此表中，而是将学生的成绩放在另一个表中，这样即使删除成绩表中的一个学生，也不会删除学生的基本档案信息。

2）表中不应该包含重复的信息。

一个信息不应该在多个表中重复出现。数据重复存放，缺点有二：一是浪费存储空间，二是影响数据的正确性。当用户更改数据时，可能只更改到某一处的数据，这样就造成对数据的破坏。如学生的姓名只在学生档案表中出现，如果再在成绩表中设置这个字段就是不科学的。

3）字段确定的原则。

● 每个字段的设置应该与表主题紧密相关。例如，学生档案表中，只包含有学生的基本信息，无需把学生的每科成绩信息存放进去。

● 不应该包含通过计算的数据。例如，在学生成绩表中，是否要设置一个总分字段呢？一般情况下不需要设置，这样可减小数据的冗余度。

● 表中应当有唯一值的字段。一般而言，表中每一条信息都是不同的。如要做到这一点，则需要在表中设计一个或一组字段作为表的唯一标识——主键。例如，学生档案表中学籍号就是主键，因为它是唯一的。

4）确定各表之间的关系。

每个表只有一个主题。但在实际查询时，希望看到的是综合信息。这些信息来源于各表，此时即可通过主键将各个表关联，同时提供相关信息。例如，要查询某个学生的所有信息，则要有学生档案表和学生成绩表两个表才能提供出来，学籍号这个主键实现了两个表的关联，通过学籍号就能查询学生的所有信息。

拓展实践

1. 完善学生档案表与学生成绩表的表结构，即设计其字段宽度及小数位数。
2. 设计学生课程表、专业类别表、专业设置表和用户信息表的表结构。
3. 图书管理系统至少需要设计哪几个表？主键是什么？请设计一张图书基本信息表和图书借阅表。

任务3——输入原始数据

任务描述

在 Visual FoxPro 6.0 中用表来输入和保存原始数据，使用数据库来管理表以及表与表之间的关系。本任务按以下要求完成 4 个子任务：

1）以自由表的形式创建学生档案表和学生成绩表。

2）创建"学生管理信息"数据库及其数据库表。

3）设置数据库表和字段的属性。

4）设置数据库表的表间关系。

任务分析

　　一个表由表结构和表记录组成，创建一个表，首先要建立表结构，其次再输入记录数据。上面的任务 2 已经确定了学生档案表与学生成绩表的结构与数据，现在的工作只是利用表设计器把它输入到计算机里保存起来。为了提高表的使用质量，减少记录的输入错误，可以对字段增加一些规则和限制，利用表达式对字段和记录进行验证。当所需数据表已建立完毕时，为保证数据的一致性，还要建立表间关联。

任务实施

　　（1）创建学生档案表

　　1）单击"文件"中"新建"选项，或单击工具栏上"新建"按钮，弹出"新建"对话框，如图 2-1 所示。

　　2）单击文件类型中的"表"选项后，再单击"新建文件"按钮，弹出"创建"对话框，如图 2-2 所示。

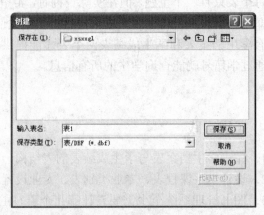

图 2-1 "新建"对话框　　　　　　　　　　　图 2-2 "创建"对话框

　　3）在图 2-2 中输入表名"学生档案表"后按"保存"按钮，弹出"表设计器"对话框，如图 2-3 所示。

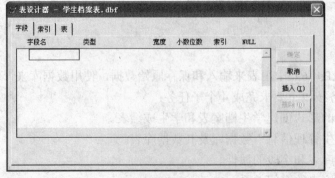

图 2-3 "表设计器"对话框

4）输入字段名、类型、宽度、小数位数等内容，最后单击"确定"按钮，弹出"现在要输入数据记录吗？"消息框，如图2-4所示。

5）单击"是"按钮，弹出如图2-5所示的编辑窗口。

图2-4　消息框

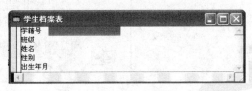

图2-5　表记录编辑窗口

6）根据表中内容，依次输入记录。

● 若要显示浏览窗口，则单击"显示"菜单下的"浏览"命令，如图2-6所示。

图2-6　"浏览"窗口

● 通用型数据的输入方法：双击表中 gen，弹出该字段的编辑窗口，如图 2-7 所示。再单击"编辑"菜单→选择"插入对象"，弹出如图2-8所示的"插入对象"对话框在"插入对象"对话框中选择"由文件创建"→"浏览"，在"浏览"对话框中选择相应的"图片"文件，再单击"确定"按钮。最后可观察到 gen 变为 Gen，首写字母大写表示已存储信息，否则表示未存储信息。

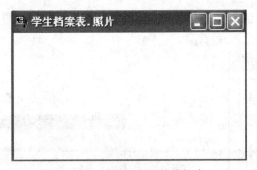

图2-7　"通用型"字段的编辑窗口

● 备注型数据输入方法同"通用型数据"的输入方法。双击表中 meno 后出现"备注型"字段的编辑窗口，输入信息后关闭窗口，字母变为 Meno，首字母大写表示已存储信息，否则表示未存储信息。

7）记录输入完毕，如图2-9所示。

"学生成绩表"的创建方法与创建"学生档案表"一致，这里不再赘述。

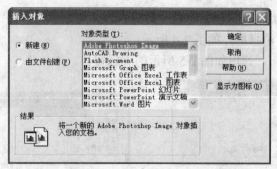

图 2-8 "插入对象"对话框

图 2-9 "学生档案表"记录浏览窗口

（2）创建"学生管理信息"数据库

本子任务以菜单法来实现，具体操作方法如下。

1）单击"文件"中的"新建"选项，或单击工具栏上的"新建"按钮，弹出"新建"
对话框，如图 2-10 所示。

2）单击文件类型中的"数据库"选项后，再单击"新建文件"按钮，弹出"创建"
对话框，如图 2-11 所示。

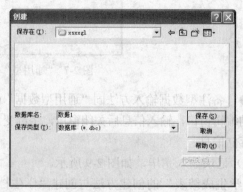

图 2-10 "新建"对话框   图 2-11 "创建"对话框

3）在图 2-11 中，输入数据库名"学生信息管理"后，单击"保存"按钮，弹出"数据库设计器"窗口，如图 2-12 所示。此时，"学生信息管理"空库就已创建，即使关闭"数据库设计器"对话框，该数据库也成打开状态，此时新建的表均为数据库表。

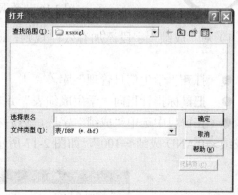

图 2-12 "数据库设计器"窗口

4）把前面创建的"学生成绩表"和"学生档案表"加入以上数据库，由于已创建的这两个表为自由表，不属于任何一个数据库，因此把它们加入"学生信息管理"库后就成了数据库表。添加方法如下：

● 在"数据库设计器"对话框中右击鼠标弹出如图 2-13 所示的"添加表"快捷菜单。

● 选择"添加表"选项，弹出如图 2-14 所示的"打开"对话框，用鼠标选择要添加的自由表即可。

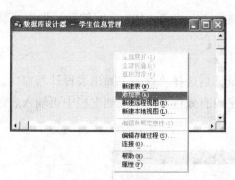

图 2-13 "添加表"快捷菜单

图 2-14 "打开"对话框

注意：若一个表已经是数据库表，就不能再添加给其他库。若要添加给其他库，则必须先把它从原来的库中移出来，然后再添加给指定的库。

（3）设置数据库表的各项属性

自由表与数据库表的另一区别是前者不能进行属性设置，后者能进行属性设置。在新建表窗口就可观察区别，图 2-15 是"自由表"设计窗口，下半部分无设置属性区域。图 2-16 是"数据库表"设计窗口，下半部分为设置属性区域。属性分字段属性与表属性，针对字段设置的属性就是字段属性，针对表设置的属性就是表属性。对数据库表设置属性，必须在表设计器中进行。下面按具体要求进行设置。

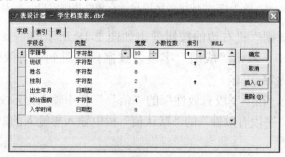

图 2-15 "自由表"设计器窗口

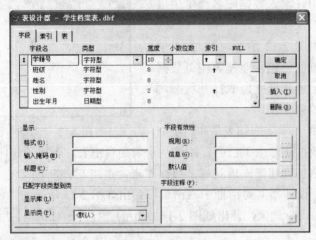

图 2-16 "数据库表"设计器窗口

1）对"成绩"字段添加有效性规则，即必须输入一个 0～100 之间的数，设置步骤如下：

● 打开"学生信息管理"库。

● 把鼠标指针指向"学生成绩表"并右击鼠标后选择"修改"弹出表设计器窗口。

● 在窗口中选中"成绩"字段，然后在"字段有效性"的"规则"栏中再输入表达式"成绩>=0 AND 成绩<=100"，如图 2-17 所示。

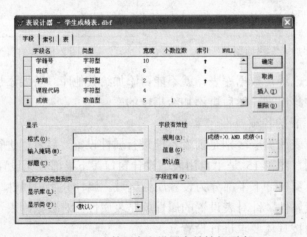

图 2-17 "成绩"字段设置有效性规则窗口

注意：可单击"规则"栏右边的按钮弹出如图 2-18 所示的"表达式生成器"窗口。在表达式生成器窗口中，双击"成绩"字段，该字段就跳到"有效性规则"文本框中，再输入表达式的其他内容。

● 用同样的方法，在"字段有效性"的"信息"栏中输入提示文本"必须输入一个 0 与 100 之间的数"，在"字段有效性"的"默认值"栏中输入想输入的默认值，例如，数值 0，如图 2-19 所示。

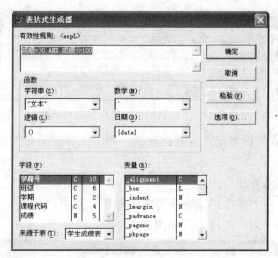

图 2-18　设置字段规则的"表达式生成器"窗口

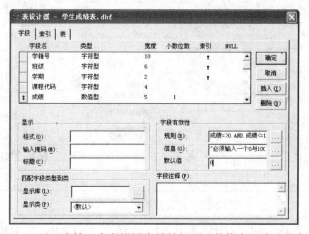

图 2-19　对"成绩"字段设置有效性规则及其信息、默认值窗口

● 单击"确定"按钮，弹出如图 2-20 所示"表设计器"消息框，单击"是"按钮即完成设置。

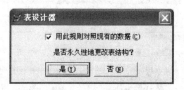

图 2-20　"表设计器"消息框

2）对以上设置的验证。

● 打开"学生成绩表"，并浏览该表。

● 修改其中的一个成绩数据为 120，弹出如图 2-21 所示的"错误输入"警告信息对话框，表示设置成功。单击"还原"按钮可重新输入正确的数据。

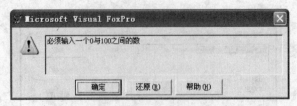

图 2-21 "错误输入"警告信息对话框

3）为"学生档案表"设置记录有效性规则，即"入学时间必须大于出生年月"，设置步骤如下：

● 打开"学生信息管理"库。

● 把鼠标指针指向"学生档案表"并右击鼠标后选择"修改"弹出表设计器窗口。

● 在窗口中选中"表"选项卡，如图 2-22 所示。

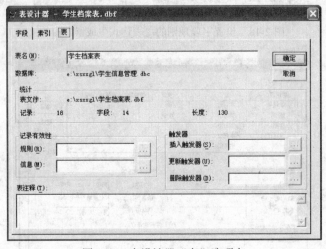

图 2-22 表设计器"表"选项卡

● 在"记录有效性"的"规则"栏中输入表达式"YEAR（出生年月）<YEAR（入学时间），在"记录有效性"的"信息"栏中输入"入学时间必须大于出生年月"，设置结果如图 2-23 所示。

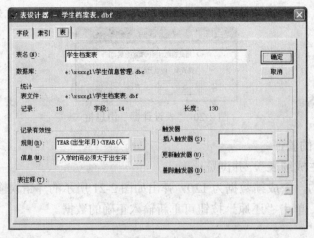

图 2-23 对记录设置有效性规则及其信息的窗口

注意:"出生年月"与"入学时间"均为日期型数据。若要比较两个数据的大小,可利用求年份的 year ( ) 函数,得出年份,再比较大小。

4)请验证以上设置。

(4)设置表间关系

表间关系有临时关系和永久关系,前者为同时操作两个表时临时建立的,一旦关闭数据库临时关系即消失。后者是为保证数据完整性而设置的,一旦设置就保存在相应库中不会消失。下面具体讲述创建过程。

1)临时关系的创建。

例如,一个学生的所有信息,是由学生档案表与学生成绩表同时提供的。因此要同时浏览两个数据表中的相关数据。要同时操作这两个表,必须先在两个数据表之间建立临时关系,使学生档案表的数据与学生成绩表中的相关数据对应起来,然后通过数据工作区窗口浏览两个表中的相关数据。具体步骤为:

● 在 VFP 主窗口的""菜单中单击"数据工作期"菜单项,则弹出如图 2-24 所示的"数据工作期"窗口(1)。

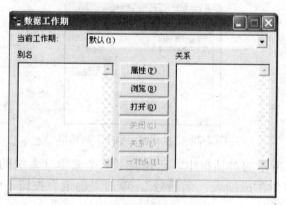

图 2-24　"数据工作期"窗口(1)

● 在图 2-24 中单击"打开"按钮,弹出如图 2-25 所示的"打开"对话框。

● 在"打开"对话框中选"学生档案表",单击"确定"按钮,弹出如图 2-26 所示的"数据工作期"窗口(2)。

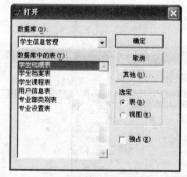

图 2-25　"打开"对话框

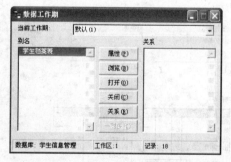

图 2-26　"数据工作期"窗口(2)

● 在图 2-26 中单击"打开"按钮，再选择学生成绩表，单击"确定"按钮，弹出如图 2-27 所示的"数据工作期"窗口（3），此时数据工作期窗口中已打开两张表了。

● 在图 2-27 中，选左边"别名"框中的"学生档案表"，单击"关系"按钮，此时在右边"关系"框中出现"学生档案表"，如图 2-28 所示。

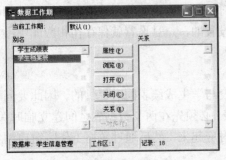 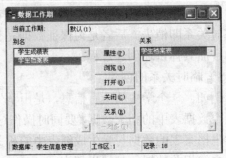

图 2-27 "数据工作期"窗口（3）　　　图 2-28 "数据工作期"窗口（4）

● 选择"学生成绩表"，弹出如图 2-29 所示的"设置索引顺序"对话框。

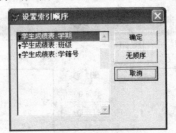

图 2-29 "设置索引顺序"对话框

● 在如图 2-27 所示的对话框中，已建立了三个索引（索引的建立方法及概念详见项目 3），选择索引"学生成绩表：学籍号"，单击"确定"按钮，弹出如图 2-30 所示的"表达式生成器"对话框。

● 在图 2-30 中选"学籍号"，单击"确定"按钮，得到如图 2-31 所示的"数据工作期"窗口（5），此时可看到学生档案表与学生成绩表的临时关系已形成。

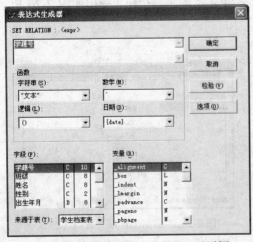 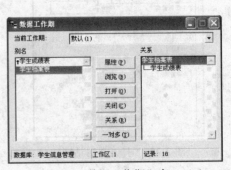

图 2-30 "表达式生成器"对话框　　　图 2-31 "数据工作期"窗口（5）

● 验证上述关系。

在"数据工作期"窗口中，单击"浏览"按钮，分别浏览"学生档案表"与"学生成绩表"，此时学生成绩表的窗口显示了学生档案表指针所指向的学籍号对应的一条记录。当指针移动时，学生成绩表中的记录随之变化，如图2-32所示。

图2-32 临时关系使两表的指针联动

2）永久关系的创建。

例如，要删除图2-32中学生档案表中学籍号为080210254的记录，同时删除学生成绩表中的相关记录，要实现以上目的而保证数据的完整性，则需要在两表中建立永久关系。具体步骤如下。

第1步：打开学生信息管理库，确定父表和子表。

学生档案表与学生成绩表中有共同的字段"学籍号"，学生档案表中的学籍号字段是主键，其值是唯一的，所以此表可作为父表，学生成绩表中一个学籍号则可能不是唯一的，只能作为子表。

第2步：对父表（学生档案表）中的学籍号设置主索引。

● 打开学生档案表的表设计器，选择"学籍号"字段，并在其后的"索引"项设置"升序"或者"降序"，如图2-33所示。

● 选择"索引"选项卡，并在"类型"项选择"主索引"，如图2-34所示。

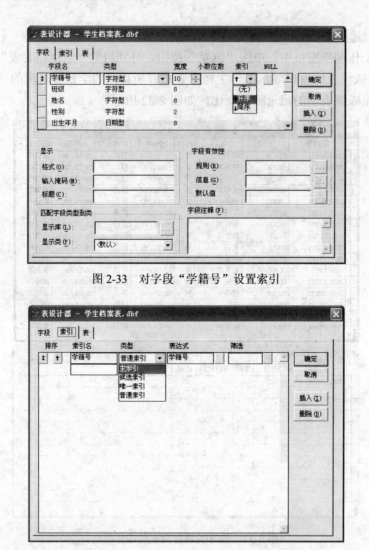

图 2-33　对字段"学籍号"设置索引

图 2-34　对字段"学籍号"设置主索引

● 单击"确定"按钮后，在学生信息管理库中可以看到"学生档案表"主索引的标志如一把钥匙，而其他索引前则无标志，如图 2-35 所示。

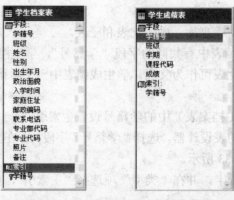

图 2-35　学生档案表的"主索引"和学生成绩表的"普通索引"

● 打开学生成绩表的表设计器，选择"学籍号"字段，并在其后的"索引"项设置"升序"或者"降序"，即可对子表（学生成绩表）设置普通索引，如图2-35所示。

第3步：把鼠标指针移向父表的"学籍号"主索引处并按下左键不放拖向子表的"学籍号"普通索引处，这时就会发现两表之间产生一对多关系的折线，如图2-36所示，表示永久关系已经建立。

图2-36 "学生档案表"与"学生成绩表"的永久关系（一对多）

3）编辑关系。

● 对准折线右击，则弹出快捷菜单。

● 在快捷菜单中选"编辑关系"，则弹出如图2-37所示的"编辑关系"对话框。

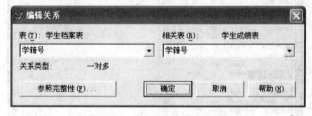

图2-37 "编辑关系"对话框

4）设置"参照完整性"。

● 在"编辑关系"对话框中，选"参照完整性"按钮，弹出如图2-38所示的"参照完整性生成器"对话框（注意：有时候会弹出一个对话框，系统要求先清理数据库。此时可以在"数据库"菜单中单击"清理数据库"菜单即可）。

● 在"参照完整性生成器"对话框中进行设置，选中"删除规则"标签，选择"级联"单选按钮，选中"确定"按钮，在弹出的如图2-39所示的提示框中选"是"按钮，则完成两个表的参照完整性的设置。

5）验证永久关系的建立，即可通过对父表中某个记录的删除，同时也删除子表中的相关记录。

● 在"数据工作期"窗口，打开并浏览"学生档案表"与"学生成绩表"。

● 单击父表（学生档案表）中学籍号为080210254的记录，并将它打上删除标记，此时再观察子表（学生成绩表），发现相对应的记录也自动被打上删除标记，如图2-40所示。

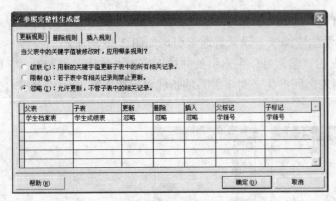

图 2-38 "参照完整性生成器"对话框

图 2-39 "参照完整性生成器"提示框

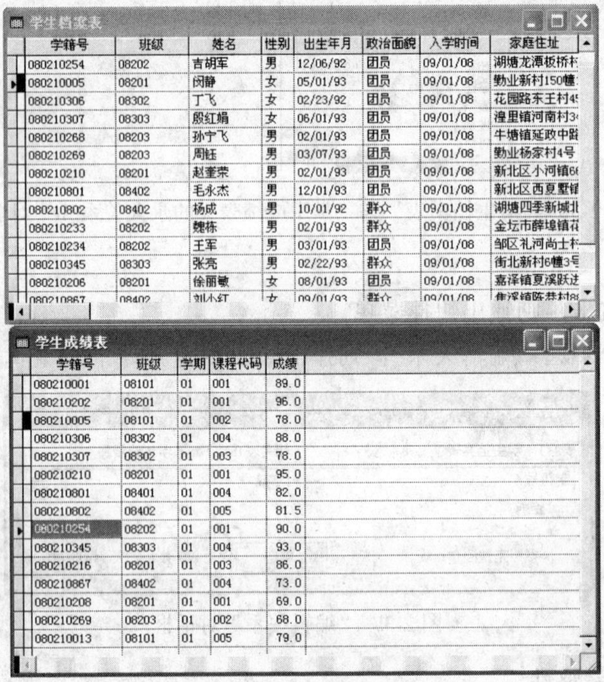

图 2-40 "永久关系"验证窗口

触类旁通

技术支持

1. 创建表的常用方法

1）使用菜单创建新表。

2）使用命令创建新表。

命令格式：表文件名。

例如，创建 XSCJ.dbf 表。

操作方法为：打开命令窗口，输入命令 CREATE XSCJ.dbf，出现表设计器，以后的操作与菜单法相同。

2．修改表的结构

有时表中的字段需要删除、添加或修改其字段属性，这时就要在表设计器中实现。

（1）菜单操作法

先打开要修改的表，再单击"显示"菜单下的"表设计器"选项进入表设计器窗口即可。

例如，要在学生档案表中添加"籍贯"字段，并将该字段放在姓名字段之后。

操作方法为：

1）打开学生档案表，并进入表设计器。

2）把鼠标指针在"姓名"字段的下一个字段"性别"所在行上，单击"插入"按钮后出现如图 2-41 所示的窗口。

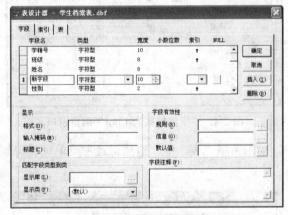

图 2-41 "插入"新字段表设计器

3）在新字段处输入"籍贯"字段即可。

注意：若要删除原有字段，只需通过单击选中某一字段后，再单击"删除"按钮即可；调整字段顺序，只需把鼠标指针指向字段名前的双向箭头并按下不放拖曳即可。

（2）命令操作法

命令格式：MODIFY STRUCTRE

3．修改表的记录

（1）添加记录

向表尾追加一条新记录。

方法一：菜单法。

● 打开表，单击"显示"菜单下的"浏览"选项，浏览表中的记录。

● 单击"表"菜单中的"追加新记录"菜单或按快捷键<Ctrl+Y>。

● 输入记录内容。

方法二：命令法。

命令格式：APPEND [BLANK]。

命令功能：向当前已打开表的尾部追加一条新记录。

命令说明：不选择 BLANK，追加一条新记录；选择 BLANK，追加一条空白记录。

（2）从另一个表向当前表追加记录

方法一：命令法。

格式：Append from<源数据表名> [fields（字段名表）][for <条件>]。

功能：是把其他表文件中的记录传送到当前表文件中。

方法二：菜单法。

例如，学生档案表 1.dbf 中已输入了 5 条记录，要将学生档案表表中的记录追加到该表中，具体步骤如下：

1）打开学生档案表 1.dbf，并用浏览方式浏览该表，如图 2-42 所示。

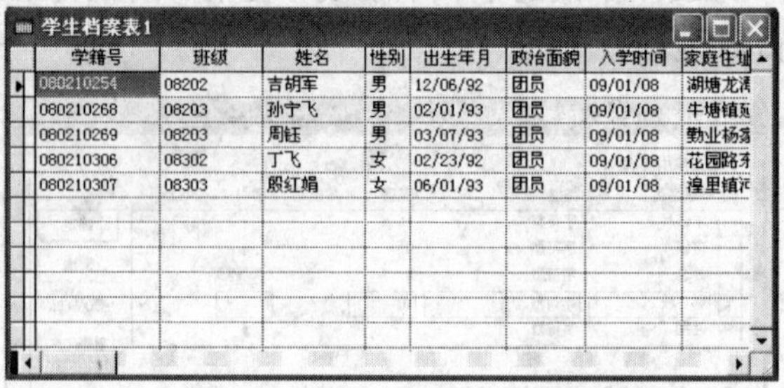

图 2-42 "学生档案表 1.dbf"浏览窗口

2）在浏览窗口中，单击菜单"表"中"追加记录"菜单项，得到如图 2-43 所示的"追加来源"对话框（1）。

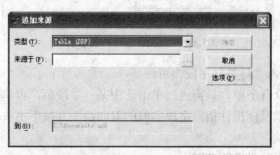

图 2-43 "追加来源"对话框（1）

3）在"追加来源"对话框中，用户可在"来源于"文本框中输入源数据表名，也可以单击"来源于"右边的按钮，即得到如图 2-44 所示的"打开"对话框。

4）在"打开"对话框中，选择学生档案表，单击"确定"按钮后，即得到如图 2-45 所示的"追加来源"对话框（2）。

5）在图 2-45 中，单击"选项"按钮，弹出如图 2-46 所示的"追加来源选项"对话框。

6）在图 2-46 中，单击"字段"按钮弹出如图 2-47 所示的"字段选择器"窗口，双击左边栏中的字段名就可选定所需字段。

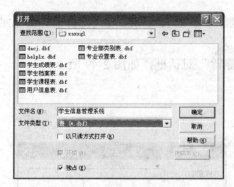

图 2-44 "打开"对话框

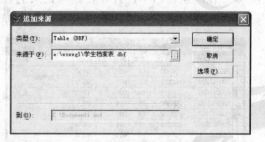

图 2-45 "追加来源"对话框（2）

图 2-46 "追加来源选项"对话框

图 2-47 "字段选择器"窗口

7）在"追加来源选项"窗口中，可单击"for"按钮，继续对追加记录的条件进行设置，按下"确定"按钮后，则完成数据的追加。

（3）插入记录

方法：命令法。

命令格式 1：insert

命令功能：在当前记录后插入一条记录。

命令格式 2：insert before

命令功能：在当前记录前插入一条记录。

命令格式 3：insert blank

命令功能：在当前记录后插入一条空白记录。

命令格式 4：insert before blank

命令功能：在当前记录前插入一条空白记录。

注意：尽可能少用 insert 命令，因为该命令几乎要重写每一个记录，这样要花费较长的时间。

（4）删除记录

1）逻辑删除记录：即只对记录打删除标记，并不真正删除。

方法一：直接从表中删除。这种方法对于仅删除几条记录时非常方便。其操作步骤如下：

● 在浏览窗口中，打开要删除记录的表。

● 用鼠标点击要删除记录的前面的空白处，使其变成黑色，代表此记录已删除，如图 2-48 所示。

方法二：利用"删除"对话框。这种方法用于删除多条记录或删除某些符合条件的记录。

● 在浏览窗口中，打开要删除记录的表。

● 选择"表"→"删除记录"命令，弹出"删除"对话框，如图2-49所示。

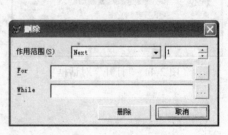

图2-48 直接从"学生成绩表"中删除记录窗口　　　图2-49 "删除"对话框

注意：在"作用范围"下拉列表中选项的含义如下。

All：指删除全部记录。

Next：指删除当前指针处往下指定条数的记录，其条数由右边的微调框中的数目决定。

Record：指具体删除哪一条记录，其记录号是右边的微调框中的数字。

Rest：指删除从当前记录到文件尾部的所有记录。

For：设定要删除记录所满足的条件。可单击后面的按钮，出现"表达式生成器"对话框，如图2-50所示。可利用"表达式生成器"对话框来输入逻辑表达式。

While：当记录满足条件时，就删除此记录，直到遇到不符合条件的记录为止。可单击后面的按钮，出现"表达式生成器"对话框，如图2-50所示，可利用"表达式生成器"对话框来输入逻辑表达式。

● 设置完毕后，在"删除"对话框中，单击"删除"按钮，则会删除符合条件的所有记录。

2）恢复记录：只能对已加了删除标记的记录进行恢复操作。

方法一：直接从表中恢复。

在浏览窗口中，打开要恢复记录的表，用鼠标点击删除标记，则原来的黑色小方框不见了，也就是恢复了这条已删除的记录。

方法二：利用"恢复记录"对话框。

● 在浏览窗口中，打开要恢复记录的表。

● 选择"表"→"恢复记录"命令，出现"恢复记录"对话框，如图2-51所示，对话框的操作与删除记录相仿。

3）彻底删除记录：对已加了删除记录的记录从磁盘上彻底删除，这些记录不能再被恢复。

● 在浏览窗口中，打开要删除记录的表。

● 对要被删除的记录先进行逻辑删除操作。

● 选择"表"→"彻底删除"命令。

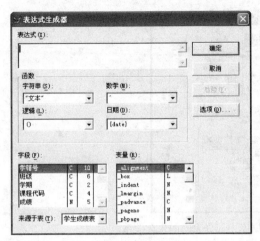

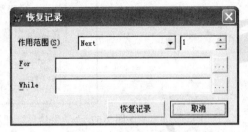

图 2-50 "表达式生成器"对话框　　　　　　图 2-51 "恢复记录"对话框

4．数据库的操作

（1）关闭数据库的方法

方法一：命令法。

命令格式：CLOSE 数据库名

命令功能：关闭当前数据库。

命令格式：CLOSE all

命令功能：关闭所有数据库。

方法二：项目管理器法（"项目管理器"知识在任务 4 中阐述）。

先选择要关闭的数据库后再选择"关闭"按钮。

（2）移去数据库表

方法一：在"数据库设计器"对话框中，对要移去的表右击鼠标选择"删除"选项。

方法二：在项目管理器中移去表。

5．数据库中的表间关系

数据库中的表的关系十分重要，它可分为两种关系：一种是永久关系，另一种是临时性关系。下面重点介绍永久关系。

（1）永久关系

在数据库设计器中将链接不同表的索引作为数据库的一部分保存起来称为永久关系，如图 2-52 所示，在查询设计器、视图设计器与表单的数据环境设计器中，使用这些带有永久性关系的表时，将永久性关系默认为表间的链接。

需要强调的是，并不是所有的表都可以建立永久关系，能够创建这种关系的表必须有一个公共的字段和索引。例如，在学生档案表和学生成绩表中，均有学籍号字段，对每一条记录而言，学生档案表中的学籍号是唯一的，称为主关键字段；而在学生成绩表中，可以有数条记录的学籍号是一样的，称为外部关键字段。这样对学生档案表而言，用学籍号做主索引；而对学生成绩表而言，用学籍号做普通索引。这样就建立了一对多关系，学生档案表是一，学生成绩表是多。

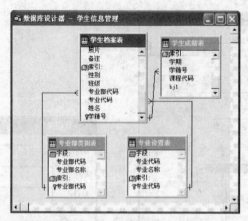

图 2-52 "学生信息管理"数据库中部分表间的永久关系

（2）维护参照完整性

数据库中的表如果建立好关系后，可对这些关联的数据库设置有关的管理规则，而这些管理规则用来控制参照完整性。所谓参照完整性主要用来控制数据一致性。例如，当删除父表中某一记录时，与其相关的子表中的记录就会失去父表，即没有与之相对应的记录。同理如果在子表中增加一条新记录，也可能无法在父表中找到与之相对应的记录。凡此种种，都有可能破坏原来的数据关系，即造成了参照不完整性。为解决这些问题，应当建立参照完整性。

如果在数据库中的表已建立好关系后，可以进行：

1）创建参照完整性，此操作已在任务中描述。

2）参照完整性生成器介绍。

在"编辑关系"对话框中，单击"参照完整性"按钮，弹出如图 2-53 所示的"参照完整性生成器"对话框。

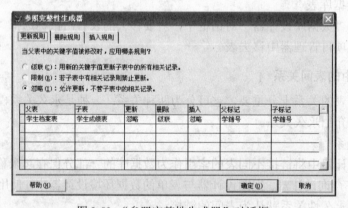

图 2-53 "参照完整性生成器"对话框

它由 3 个选项卡及表格组成。3 个选项卡分别为更新规则、删除规则和插入规则。以下分别说明它们的含义及作用。

● 更新规则。

级联：当主表中的记录改变时，子表中相关记录随之改变。

限制：当子表中有相关的记录时，主表不允许修改相关记录。

忽略：不管子表中有无相关记录，主表可随意更改记录。

● 删除规则。

级联：自动删除子表中的所有相关记录。

限制：当子表中有相关的记录时，则不允许删除主表中的记录。

忽略：删除主表中的记录时与子表无关。

● 插入规则。

限制：当主表中没有相关的记录则禁止插入。

忽略：可随意在子表中插入记录。

6. 永久关系与临时关系的区别

1）永久关系能实现参照完整性的设置，临时关系能实现指针的联动。

2）永久关系一旦建立就永久存在，临时关系一旦表被关闭就随之消失。

3）永久关系在数据库设计器中创建，临时关系在数据工作期窗口中创建。

4）永久关系在数据库表间创建，临时关系无所谓表的种类。

7. 相关术语

1）数据库：英文为 DataBase，简称为 DB。简单说来，就是数据的仓库；严格来讲，是有组织的、可共享的相关数据的集合。其特点是数据按一定模型组织、描述和存储，具有较小的冗余度和较高的独立性，并可为各种用户共享。一个数据库中可以包含若干个数据表。

2）数据库类型：数据库是数据的仓库，数据是描述事物的符号，万事万物之间的关系可以分为如下 3 种。

● 一对一关系：例如，每个公民与自己的身份证号之间的关系，学生与学号之间的关系等。在数据表中反映为当前表中的一条记录可以唯一地对应另一个表中的一条记录。

● 一对多关系：例如，班主任与本班学生小组长的关系，小组长与本组同学之间的关系，其数据可以按树形层次结构进行组织。在数据表中反映为当前表中的一条记录可以对应另一个表的多条记录。

● 多对多关系：例如，任课老师与所有教学班之间的关系，其数据可以按网状结构进行组织。在数据表中反映为当前表中的多条记录可以对应另一个表的多条记录。可以把多对多的关系分解成多个一对多关系。

以上 3 种关系可以抽象出 3 种数据模型：层次模型、网状模型、关系模型。层次模型用于组织具有一对多关系的数据；网状模型用于组织具有多对多关系的数据；关系模型可组织以上任何一种关系的数据。对应以上 3 种数据模型，数据库类型分为层次数据库、网状型数据库、关系型数据库。VFP 就是关系数据库管理系统的典型代表之一。

拓展实践

1. 创建学生课程表、专业类别表、专业设置表和用户信息表。

2. 添加记录。向"学生成绩表"尾添加一条新记录，内容是：学籍号为 0001，王亮，男，1992 年 2 月生。

3. 删除记录。逻辑删除"学生成绩"表中 08402 班不是团员的学生记录。

4. 创建"学生课程表"与"学生成绩表"的永久关系。

任务 4——管理数据

任务描述

创建一个"学生信息管理"项目文件，其中包括相关数据库及数据库表。

任务分析

该任务实质上是建立一个 VFP 综合应用程序，该程序可以通过项目管理器来完成。利用项目管理器，可将前面任务中所创建的数据库和表一一添加到"学生信息管理"项目文件中去。

任务实施

（1）创建项目文件

1）在主窗口中的"文件"菜单中单击"新建"命令，弹出如图 2-54 所示的"新建"对话框。

2）在"新建"对话框中选定"项目"，并单击右边的"新建文件"图标，弹出如图 2-55 所示的"创建项目"对话框。

图 2-54 "新建"对话框

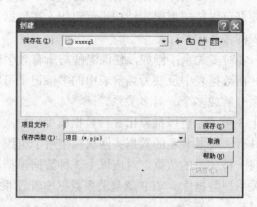
图 2-55 "创建项目"对话框

3）在图 2-55 中，文件保存的路径选择为 E:\xsxxgl，项目文件名取为"学生信息管理"，保存类型为项目（*.pjx）。单击"保存"按钮，则得到如图 2-56 所示的"项目管理器—学生信息管理"窗口，这样就完成了项目的创建。

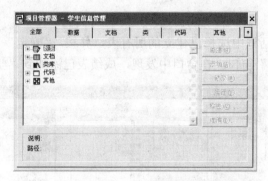

图 2-56 "项目管理器——学生信息管理"窗口

（2）创建数据库

1）单击图 2-56 项目管理器中"数据"前面的"+"，将数据展开。展开后有数据库、自由表、查询等内容。单击数据库，此时有两种选择：新建和添加。单击"新建"按钮，弹出如图 2-57 所示的"新建数据库"对话框。

2）在"新建数据库"对话框中，弹出如图 2-58 所示的"数据库保存"对话框。

图 2-57 "新建数据库"对话框

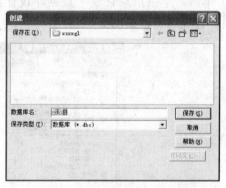

图 2-58 "数据库保存"对话框

3）在图 2-55 中，将保存文件夹设置为 E：\xsxxgl，数据库取名为"学生信息管理"，保存类型为数据库（*dbc）。单击"保存"按钮后，则得到如图 2-59 所示的"数据库设计器—学生信息管理"窗口。

图 2-59 "数据库设计器—学生信息管理"窗口

4）在图 2-59 中，右击鼠标弹出快捷菜单选择"添加表"命令，此时弹出"打开"对话框。

5）在"打开"对话框中选择已建立的所有表，并按 "确定"按钮，即得到如图 2-60 所示的"数据库设计器"窗口。在窗口中发现，成绩表已添加到"学生信息管理"库中。

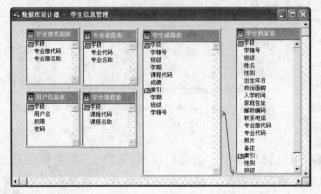

图 2-60　已添加了表的"数据库设计器"窗口

6）单击"学生信息管理"数据库设计器右上角的"关闭"按钮，返回项目管理器，此时项目管理器窗口如图 2-61 所示。

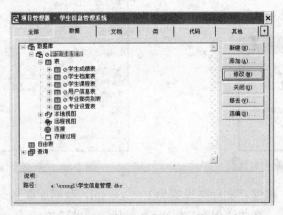

图 2-61　添加了数据库表的项目管理器窗口

触类旁通

技术支持

项目管理器简介

VFP 为了更好地处理数据和对象，采用项目管理器来管理一个应用程序从创建到生成的全过程。VFP 中的应用程序是以项目为组成单位的，项目是文件、数据、文档和类的集合，项目也是一个文件，项目文件通常以".pjx"扩展名保存。开发应用程序，既可先建立数据库、表或其他有关文件，然后再建立项目文件；也可以先建立项目文件，然后在该项目中添加或新建项目下的其他组件。但在实际应用中，后者更为规范。

从图 2-62 中可以看到项目管理器的有关组成。窗口顶部一共由 6 个标签组成，它们分别是"全部"、"数据"、"文档"、"类"、"代码"和"其他"。单击每个标签，都会显示相应的内容，例如，选定"全部"，则显示的内容就是项目管理器的全部内容。下面就一些主要内容作一简单介绍。

（1）数据

数据主要包括 3 个项目，分别是数据库、自由表、查询。

数据库是数据按一定的逻辑关系和结构组织起来的集合，在数据库中主要是由表和视图构成的。

自由表是与数据库不关联的表，但其信息可以被多个数据库共享。

查询是根据用户的需要，从指定的数据源中检索一条或多条记录，供用户查找、分析或打印而提供的一项新功能。

（2）文档

文档主要包括 3 个项目：表单、报表和标签。

表单是用户与 VFP 应用程序之间进行数据交换的界面和最为常用的数据显示及编辑方式。

报表是数据库管理系统对数据处理后将数据处理结果输出的一种形式，可以在屏幕上显示，也可以通过打印机打印。

标签是一种特殊的报表。它一般包含多列记录，通过特殊的纸张打印出来。例如，邮件标签、名片等。

（3）类

类主要用于显示和管理类库文件。用户除了使用 VFP 提供的控件对象，还允许自己创建新的控件对象，从而形成一个新类，以提高使用效率，对系统今后的维护和修改具有很大方便性。

（4）代码

代码主要用于显示和管理 VFP 的各类代码，包含有程序、API 库和应用程序。

程序：尽管 VFP 交互式用户界面可以完成许多方面的数据库管理任务，但是不能取代程序的职能，许多地方必须靠程序来完成任务。

API 库：Windows API 函数是一个 Windows 操作系统与用户应用程序之间的接口。这个接口是一组用 C 语言编写的函数库。

（5）其他

其他主要包括 3 种类型的文件：菜单、文本文件和其他文件。

菜单：用户可以设计自己的主菜单和快捷菜单，以方便使用。

文本文件：用来存储纯文字文件，一般用于存储文件的说明信息。

其他文件：用来存放一些图形文件等。

拓展实践

1. 利用项目管理器创建一个文本文件。
2. 利用项目管理器创建一个自由表。

3. 在项目管理器中练习移去表和添加表的操作。

项 目 小 结

本项目通过收集原始数据、组织数据、输入原始数据、管理数据 4 个任务实施。在任务 1 中，主要描述了学生信息管理系统的任务和目标以及为完成任务和目标所需要收集的原始数据类别；数据和信息的概念。在任务 2 中，阐述了以表的形式如何组织数据的过程，并以如何设计一张科学的表格给出了几条原则。在任务 3 中，讲述了字段、记录、表、数据库和关系的概念；创建表和数据库的操作过程；为达到快速而准确的输入记录，对表进行了字段有效性规则和记录有效性规则的设置；为查询一个学生的综合信息，设置了临时关系使指针达到联动查询；为保证数据的完整性，对数据库表设置了表间永久关系。在任务 4 中，讲述了项目管理器的创建方法及项目管理器中选项卡的含义；项目管理器对管理系统各种文件的操作方法。

实 战 强 化

1. 图书管理系统的功能模块图，如图 2-62 所示。

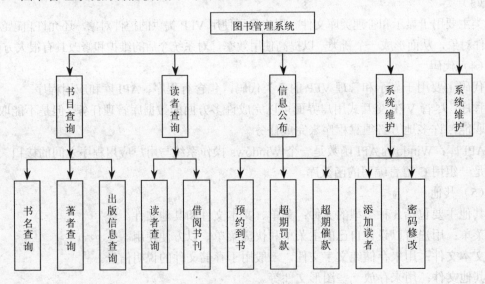

图 2-62　图书管理系统的功能模块图

2. 规划一个图书管理系统的项目文件。

3. 在项目文件中创建一个数据库。

4. 在数据库中创建数据表：读者信息表、借阅表、馆藏信息表、图书表、预约表、进书表、人员配置表，它们的表结构分别见表 2-6～表 2-12。

表 2-6　读者信息表结构

字　段　名	字　段　类　型	说　　明
证件号	字符型	字段宽度8，主索引
姓名	字符型	字段宽度10
性别	字符型	字段宽度2
读者类型	字符型	字段宽度20
出生日期	日期型	字段宽度5
文化程度	字符型	字段宽度10
电话	字符型	字段宽度12
地址	字符型	字段宽度20
邮编	字符型	字段宽度6
工作单位	字符型	字段宽度20
职位	字符型	字段宽度20
办证日期	日期型	字段宽度6
违章状态	逻辑型	字段宽度1
失效日期	日期型	字段宽度8
E-mail	字符型	字段宽度20
欠款状态	逻辑型	字段宽度1
累积借书	整型	字段宽度4
当年借书	整型	字段宽度4

表 2-7　借阅表结构

字　段　名	字　段　类　型	字　段　宽　度
条码号	字符型	字段宽度10，主索引
证件号	字符型	字段宽度8，普通索引
索取号	字符型	字段宽度20
书名	字符型	字段宽度26
著者	字符型	字段宽度20
借阅日期	日期型	字段宽度8
应还日期	日期型	字段宽度8
馆藏地	字符型	字段宽度10
续借	逻辑型	字段宽度1
到期否	逻辑型	字段宽度1

表 2-8　馆藏信息表结构

字　段　名	字　段　类　型	字　段　宽　度
条码号	字符型	字段宽度10，主索引
索取号	字符型	字段宽度20
馆藏地	字符型	字段宽度10
书刊状态	字符型	字段宽度6
当前状态	字符型	字段宽度6

表 2-9　图书表结构

字　段　名	字　段　类　型	字　段　宽　度
条码号	字符型	字段宽度 10，主索引
索取号	字符型	字段宽度 20
书名	字符型	字段宽度 26
著者	字符型	字段宽度 20
出版信息	字符型	字段宽度 20
是否带光盘	逻辑型	字段宽度 1
ISBN 号	字符型	字段宽度 10
中图分类号	字符型	字段宽度 10
科技图书分类号	字符型	字段宽度 10

表 2-10　预约表结构

字　段　名	字　段　类　型	字　段　宽　度
证件号	字符型	字段宽度 8，主索引
单位	字符型	字段宽度 20
书名	字符型	字段宽度 26
著者	字符型	字段宽度 20
馆藏地	字符型	字段宽度 10
保留截止日期	日期型	字段宽度 8

表 2-11　进书表结构

字　段　名	字　段　类　型	字　段　宽　度
条码号	字符型	字段宽度 10，主索引
索取号	字符型	字段宽度 20
馆藏地	字符型	字段宽度 10
进馆日期	日期型	字段宽度 8
书名	字符型	字段宽度 26

表 2-12　人员配置表结构

字　段　名	字　段　类　型	字　段　宽　度
证件号	字符型	字段宽度 8，主索引
姓名	字符型	字段宽度 10
权限	字符型	字段宽度 3
密码	字符型	字段宽度 10

5. 创建读者信息表和借阅表之间的参照完整性。其中更新规则为"级联"，删除规则为"限制"，插入规则为"限制"。

项目3 项目数据的查询

【职业能力目标】

1）了解 VFP 系统中数据查询的方法及相关理论知识。

2）能使用查询或视图完成对数据库的检索。

任务1—— 一般查询

任务描述

需要查找"学生档案表 .dbf"表中所有男生的记录，只要显示学籍号、班级、姓名、性别、政治面貌这几个字段，并按班级升序排列，如图 3-1 所示。

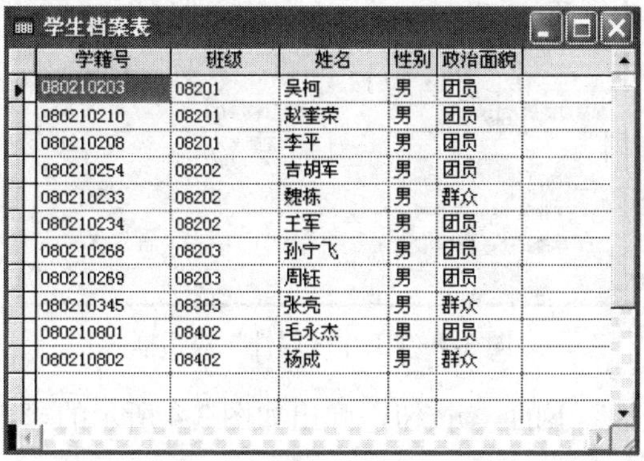

学籍号	班级	姓名	性别	政治面貌
080210203	08201	吴何	男	团员
080210210	08201	赵董荣	男	团员
080210208	08201	李平	男	团员
080210254	08202	吉胡军	男	团员
080210233	08202	魏栋	男	群众
080210234	08202	王军	男	团员
080210268	08203	孙宁飞	男	团员
080210269	08203	周杠	男	团员
080210345	08303	张亮	男	群众
080210801	08402	毛永杰	男	群众
080210802	08402	杨成	男	群众

图 3-1 浏览"学生档案表"部分数据窗口

任务分析

以上窗口中的内容与"学生档案表"中的原始数据相比，字段的个数减少了，记录的条数也减少了，且记录的排列次序也发生了改变，相同点是均在浏览窗口中显示。

任务实施

查询是数据库中最常用的操作，使用频率非常高，且在很大程度上影响着工作效率。在 Visual FoxPro 中的查询共分为 3 种：一般查询、使用查询文件、使用视图。上述任务是用一般查询来实现的，具体步骤如下：

1）在"学生信息管理系统 .pjx"项目管理器中，选择"表"下面的"学生档案表"，单击"浏览"，出现如图 3-2 所示浏览窗口。

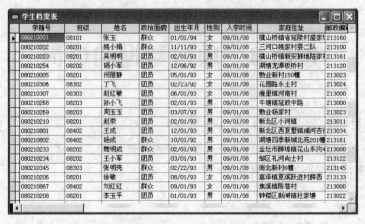

图 3-2   浏览"学生档案表"全部数据窗口

2）选择"表"菜单中的"属性"，弹出如图 3-3 所示的"工作区属性"对话框。

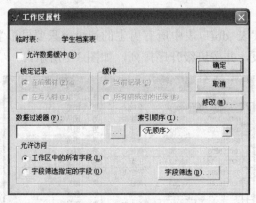

图 3-3   "工作区属性"对话框

3）单击"数据过滤器"下的 ··· 按钮，弹出如图 3-4 所示的"表达式生成器"对话框。

图 3-4   "表达式生成器"对话框

4）输入表达式：学生档案表.性别="男"，单击"确定"按钮，返回到"工作区属性"对话框，在"索引顺序"下选择"学生档案表.班级"，在"允许访问"下选择"字段筛选指定的字段"单选项，如图3-5所示。

5）单击"字段筛选"按钮，弹出如图3-6所示的"字段选择器"对话框。

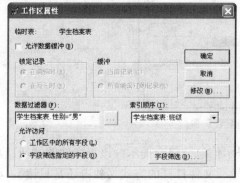

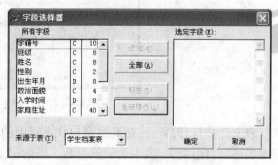

图3-5 "工作区属性"对话框　　　图3-6 "字段选择器"对话框1

6）在"所有字段"下选择字段：学籍号、班级、姓名、性别、政治面貌，逐一添加到选定字段中，如图3-7所示，再单击"确定"按钮。

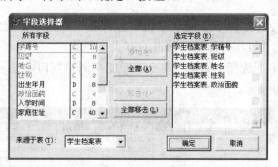

图3-7 "字段选择器"对话框2

7）返回到"工作区属性"窗口，再单击"确定"，关闭"学生档案表"浏览窗口，返回到"学生信息管理系统.pjx"项目管理器窗口，再次"浏览"学生档案表.dbf表，即可出现如图3-1所示的浏览"学生档案表"部分数据窗口。

触类旁通

技术支持

1. 查看表中全部数据

方法一：在浏览窗口显示——菜单方式。

1）用打开一般文件的方法打开表——学生档案表.dbf，请仔细关注，该文件所在位置、并选择要打开的文件的类型（应是表*.dbf，而非默认的项目*.pjx），打开窗口如图3-8所示。

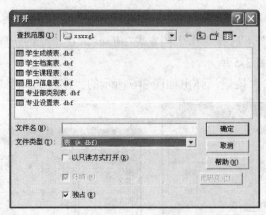

图 3-8 打开"学生档案表"窗口

表文件被打开后，注意观察窗口状态栏中的提示信息，将会提示：该表文件的性质（数据库表还是自由表）、表中的记录总数、当前记录号、文件打开的方式（独占还是只读），如图 3-9 所示。

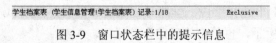

图 3-9 窗口状态栏中的提示信息

提示信息表明："学生档案表"是"学生信息管理"数据库中的数据库表，该表中共有 18 条记录，当前记录号为 1，文件是以独占的方式打开的。

2）在"显示"菜单下选择"浏览"命令，即能在浏览窗口中显示"学生档案表.dbf"中的全部数据。如图 3-10 所示。

学生档案表	班级	姓名	政治面貌	出生年月	性别	入学时间	家庭住址	邮政编码
080210001	08101	张玉	群众	01/01/94	女	09/01/08	横山桥镇省延陵村盛家	213160
080210202	08201	姚小娟	群众	11/11/93	女	09/01/08	三河口姚家村委二队	213100
080210203	08201	吴明明	团员		男	09/01/08	横山桥镇新安韩地陆家	213161
080210254	08202	胡小军	团员	12/06/92	男	09/01/08	湖塘龙潭板桥村	213120
080210005	08201	闵丽静	团员	05/01/93	女	09/01/08	勤业新村150幢	213023
080210306	08302	丁飞	团员	02/23/92	女	09/01/08	花园路东王村	213024
080210307	08303	赵红敏	团员	06/01/93	女	09/01/08	湟里镇河南村	213000
080210268	08203	孙小飞	团员	01/01/93	男	09/01/08	牛塘镇延政中路	213000
080210269	08203	周玉生	团员	03/07/93	男	09/01/08	勤业杨家村	213023
080210801	08402	赵荣	团员	02/01/93	男	09/01/08	新北区小河镇	213011
080210801	08402	王成	团员	12/01/93	男	09/01/08	新北区西夏墅镇浦河杏	213034
080210802	08402	杨成	群众	10/01/92	男	09/01/08	湖塘四季新城北苑201幢	213161
080210233	08202	魏明成	群众	02/01/93	男	09/01/08	金坛市薛埠镇花山东沟	213000
080210234	08202	王小军	团员	03/01/93	男	09/01/08	邹区礼河尚士村	213122
080210345	08303	张明亮	群众	02/22/93	男	09/01/08	街北新村幢	213145
080210206	08201	徐敏	团员	08/01/93	女	09/01/08	嘉泽镇夏溪跃进村薛西	213133
080210867	08201	刘红红	团员	02/01/93	女	09/01/08	焦溪镇陈巷村	213000
080210208	08201	李玉平	团员	01/01/93	男	09/01/08	钟楼区新闸镇杜家塘	213022

图 3-10 在浏览窗口查看"学生档案表 .dbf"

此时表中记录采用"浏览方式"显示，即一行显示一条记录，横向显示。若想要用"编辑方式"显示，即一行显示一个字段，纵向显示，则在"显示"菜单下选择"编辑"命令即可。

方法二：在屏幕上显示——命令方式。

1）打开学生档案表.dbf，注意观察窗口状态栏中的提示信息。

2）在命令窗口输入命令：LIST 或 DISPLAY ALL，结果如图 3-11 所示。

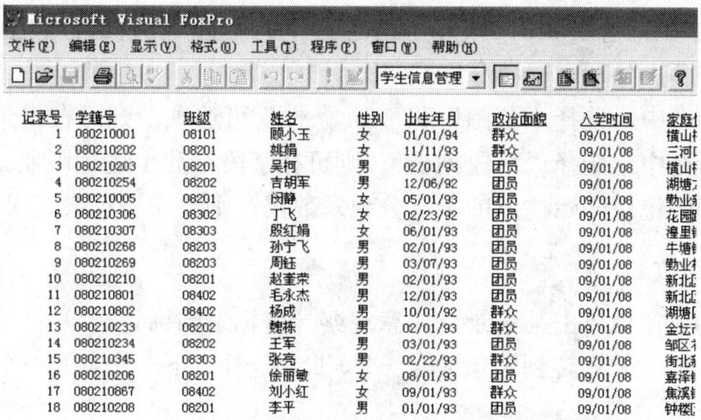

图 3-11　在屏幕上查看"学生档案表 .dbf"数据

记录显示命令的具体格式如下：disp|list [范围] [字段列表] [for 条件]

[范围]：为可选项，在 Visual FoxPro 6.0 中共有以下 4 种范围：

ALL——表示所有记录。

NEXT n——表示从当前记录开始往下共 n 条记录。

RECORD n——表示选择记录号为 n 的记录。

REST——表示从当前记录开始直到最后一条记录。

在 Visual FoxPro 6.0 中，一个表最多可存放 10 亿条记录。为了便于管理，专门提供了一个记录指针。

当前记录——记录指针指向的记录。打开表时，系统默认：第一条记录即当前记录。

当前记录的标记——记录左侧有一个黑色三角形。

例如，打开学生档案表.dbf 表，在命令窗口中输入：list next 3 或 disp next 3，则将在屏幕上显示"学生档案表"中第一、二、三条记录的全部数据。

[字段列表]：指出将要显示的表中的字段，多个字段之间用逗号分隔（注：标点符号只能是英文状态）。

例如，list all 学籍号，班级，姓名，性别，则屏幕上只显示所有记录的学籍号，班级，姓名，性别这 4 个字段的数据。

[for 条件]：用于限定将要显示的记录的条数。

例如，list all for 性别＝"男"，则屏幕上只显示所有记录中性别是"男"的记录的所有数据。

2．查看表中部分数据——浏览窗口的定制

方法一：在浏览窗口显示——菜单方式。

1）打开表，并浏览或编辑，则会出现"表"菜单。

2）在"表"菜单下选择"属性"命令，打开"工作区属性"窗口。

3）在"数据过滤器"中限定记录的条数。

4）在"允许访问"中选择"字段筛选指定的字段"单选按钮，并单击"字段筛选"按钮，在"字段选择器"中选定将要显示的字段。

5）单击"确定"，返回"工作区属性"窗口，再单击"确定"。

6）再次浏览学生信息表.dbf，即可在浏览窗口中只显示表中部分数据。

方法二：在屏幕上显示——命令方式。

在记录显示命令中，选择"范围"和"for 条件"可选项，则可在记录条数上进行限制。

在记录显示命令中，选择"字段列表"，则可在字段个数上进行限制。

若想查看从某条记录开始往下的一部分记录数据，则要先进行表记录的定位。

3．表记录的定位

方法一：在浏览窗口单击某记录，注意观察当前记录的标记。

方法二：浏览表——表/转到记录（第一个、最后一个、下一个、上一个、记录号、定位）。

方法三：命令法。

命令格式：go top

命令功能：指向第一条记录。

命令格式：go bott

命令功能：指向最后一条记录。

命令格式：go <记录号>

命令功能：指向指定记录号的记录。

命令格式：skip [记录数]

命令功能：以当前记录为基准，相对移动记录指针。

       若"记录数"为正，则向文件尾移动。

       若"记录数"为负，则向文件头移动。

命令格式：recno ()

命令功能：测试当前记录号。

命令格式：bof ()

命令功能：测试当前表中记录指针是否位于文件头。

命令格式：eof ()

命令功能：测试当前表中记录指针是否位于文件尾。

小结：

表/转到记录——第一个，相当于执行了命令：go top。

表/转到记录——最后一个，相当于执行了命令：go bott。

表/转到记录——上一个，相当于执行了命令：skip -1。

表/转到记录——下一个，相当于执行了命令：skip 1 或 skip（注：当值为 1 时，可省略不写）。

表/转到记录——记录号，相当于执行了命令：go 记录号。

表/转到记录——定位，则出现如图3-12所示"定位记录"窗口。

其中，"作用范围"共有 4 种（ALL、NEXT、RECORD、REST），如上所述；

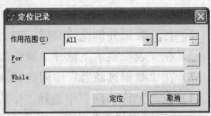

图 3-12 "定位记录"窗口

"For"或"While",是用来指定筛选条件。使用 For,表示对指定范围内的所有记录进行筛选;使用 While,表示对指定范围内的所有记录进行筛选,一旦遇到第一个不满足条件的记录即停止。

4. 表记录的排序

一般情况下,表中的记录是按输入数据的先后顺序进行排序,用记录号来标识的。记录号是系统自动添加的,除非插入或删除记录,否则记录号在表中是不改变的。但有时需要对输入的记录进行排序、检索等操作,这就需要对记录进行重新组织,即对记录进行排序。

一般有两种方法:物理排序和逻辑排序。

方法一:物理排序。

物理排序(排序):对记录按指定字段排序,并重新编号生成一个新的扩展名为 .dbf 的表文件。

注:只能在命令窗口中实现。

命令格式:sort to 新表名 on 字段名 1 [/A|/D] [,字段名 2 [/A|/D]……] [范围] [FOR 条件] [FIELDS 字段名列表]

例如,将"学生档案表"中的前 10 条记录按"班级"升序排列,若班级相同,再按女生在前,男生在后的顺序排列,生成新的表文件"学生档案表 1.dbf"。

在命令窗口中输入:

Use 学生档案表

Sort to 学生档案表 1 on 班级,性别/D next 10

若想继续显示"学生档案表 1"的内容,可继续输入:

Use 学生档案表 1

List

显示结果如图 3-13 所示。

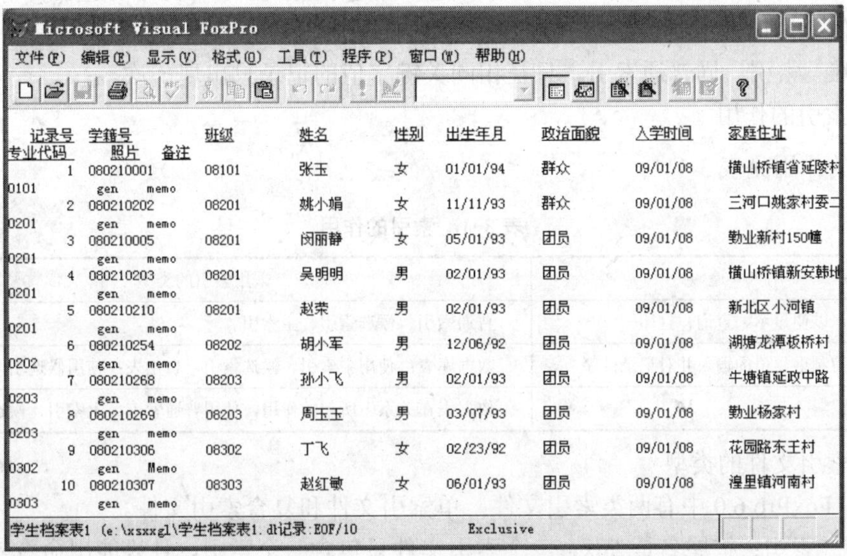

图 3-13 在屏幕上显示物理排序结果的窗口

由于每一次排序后，都会产生一个与原表文件大小相同，名字不同的表文件，经常这样，会造成数据冗余，占用系统内存，所以一般用索引来实现。

方法二：逻辑排序。

逻辑排序：表打开后，被使用时记录的处理顺序。

索引：指按表中某个关键字或关键字段表达式建立记录的逻辑顺序。它是由关键字或表达式的值与对应的记录号组成的一个列表，类似于书本的目录，提供对数据的快速访问。

（1）索引的基本概念

1）索引关键字（索引表达式）：用来建立索引的一个字段或字段表达式。

注意：

● 用多个字段建立索引表达式时，表达式的计算结果将影响索引的结果。

● 不同类型字段构成一个表达式时，必须转换成同一种数据类型。

2）索引标识（索引名）：即索引关键字的名称，必须以下划线、字母或汉字开头，且不超过 10 个字符。

由于索引的排序方式是逻辑排序，因此它的检索速度快，文件占用空间小，所以，一般都使用索引方法进行排序。

3）索引关键字的类型：索引关键字是用做排序的字段或表达式，索引表达式的类型决定了不同的索引方式。Visual FoxPro 6.0 提供了 4 种不同类型的索引，分别是主索引、候选索引、普通索引、唯一索引。

● 主索引：只有数据库表才能建立主索引，且一个数据库表只能建立一个主索引，其关键字值不允许出现重复值。

● 候选索引：数据库表和自由表都可建立候选索引，且一个表可以建立多个候选索引，其关键字值也不允许出现重复值。

● 普通索引：数据库表和自由表都可建立候选索引，且一个表可以建立多个普通索引，其关键字值允许出现重复值。

● 唯一索引：同普通索引，只是相同关键字值的记录只出现一次。

（2）索引的作用

索引的作用见表 3-1。

表 3-1　索引的作用

用　　途	采用索引的类型
排序记录，以便显示、查询、打印	普通索引、候选索引、主索引
在字段中控制重复值的输入并对记录排序	数据库表：使用主索引、候选索引，自由表：使用候选引
设置关系	依据表在关系中所起的作用，使用普通索引、主索引、候选索引

（3）索引文件的类型

Visual FoxPro 6.0 中有两类索引文件：单索引文件和复合索引文件。

1）单一索引：扩展名是 .idx，一个索引文件只包含一个索引，且只能用命令实现，只允许按升序排列。

2）复合索引：扩展名是 .cdx，一个索引文件可包含多个索引标记（tag），每个索引标记对应一种逻辑排序关系。

复合索引分为结构化复合索引和非结构化复合索引。

在创建和修改表结构时建立的索引文件，即为结构化复合索引，其主名与表文件名同名，并随着表文件打开、修改、关闭。

非结构化复合索引是用命令单独创建的，它独立于表文件，需要单独打开、修改、关闭，且一般很少使用。

（4）索引文件的创建

索引只是改变记录的排列顺序，不对记录重新编号，可生成一个单一索引文件 .idx 或复合索引文件 .cdx，复合索引文件中可保存多个索引标识，复合索引文件又分为结构复合索引文件和非结构复合索引文件两种。常用的是在表设计器中创建的结构复合索引文件。

1）结构复合索引文件的创建。
- 打开表文件。
- 打开表设计器。
- 单击"索引"选项卡，并输入索引名、索引类型、索引顺序（升序或降序）、在"表达式"框中输入作为排序依据的索引关键字、在"筛选"框中输入筛选表达式。
- 单击"确定"。结果如图 3-14 所示。

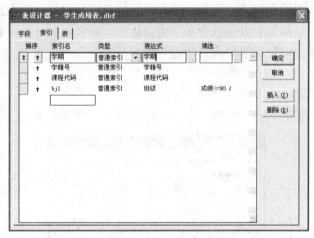

图 3-14 "创建结构复合索引"窗口

注意：
- 备注型字段和通用型字段不能作为索引关键字段。
- 不要建立无用的索引，以免降低系统性能；及时清理已无用的索引标识，以提高系统效率。
- 在复合索引的多个索引中，某一时刻只有一个索引对表起作用，该索引称为当前索引。

2）单一索引文件的创建，可用如下命令来实现：

命令格式：index to 单一索引文件名 on 关键字表达式[范围] [FOR 条件]

命令说明：一般仅能建立升序单一索引文件。

（5）索引的修改、删除

1）修改：打开表设计器，选中"索引"选项卡，并在其对话框中进行修改。

2）删除：打开表设计器，选中"索引"选项卡，并在其对话框中，选中所要删除的索引，单击"删除"按钮即可。

（6）索引文件的使用

一个表可以建立多个不同的索引文件，每个索引文件都能确定一种逻辑顺序。索引创建完成后，必须设置为当前索引才能实现对记录的排序，从而实现对记录的有序查看。不同的索引文件，使用起来也有所不同。

1）单一索引文件的使用。

单一索引文件不会随着表文件的打开而打开，需要通过命令来实现。

方法一：在打开表的同时打开索引文件。

命令格式：use <表文件名> index <索引文件名>

方法二：在打开表之后，再打开索引文件。

命令格式：set index to <索引文件名表>

注：在索引文件名列表中，排在第一个的索引文件自动作为当前索引生效。

2）复合索引文件的使用。

对于结构复合索引文件而言，打开表的同时就打开了结构复合索引文件，因此不必用命令去打开它，但由于结构复合索引包含多个索引标识，哪个索引起作用必须加以说明，即要将其指定为当前索引，可使用菜单来直观地设置。

具体步骤如下。

● 打开表，并浏览表。

● 选择"表"菜单下的"属性"命令，打开如图 3-15 所示的"工作区属性"对话框。

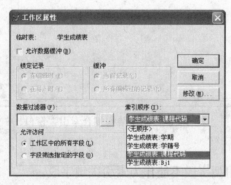

图 3-15 "工作区属性"对话框

● 在"索引顺序"下的列表框中选择所要使用的索引标识或单一索引文件名。

● 单击"确定"按钮。

例如，在"学生成绩表"中指定按"课程代码"升序方式查看表中记录，如图 3-16 所示。

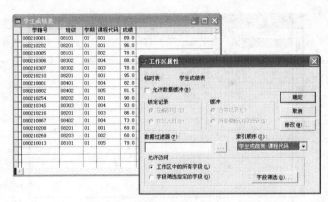

图 3-16 "指定当前索引"窗口

3）索引文件的关闭。

● 单一索引文件的关闭：set index to 。

● 复合索引文件的关闭：在"工作区属性"窗口的"索引顺序"下的列表框中选择"无顺序"。

拓展实践

1）在浏览窗口中查看"学生档案表"中所有"08202"班的学生的学籍号、班级、姓名、政治面貌、出生年月，并按姓名降序排列。结果如图 3-17 所示。

图 3-17 学生档案表

2）在屏幕上查看"专业设置表"中前三条记录的全部数据，如图 3-18 所示。

图 3-18 前三条记录

3）对"学生成绩表"中成绩在 80～90 之间的记录按"班级"字段建立索引，索引文件名为 bj1，并查看表中全部数据，结果如图 3-19 所示，要求分别用菜单方式和命令方式实现。

图 3-19　学生成绩表

任务 2—— 使用查询文件

任务描述

需要查找"学生档案表 .dbf"表中所有男生的记录，只要显示学籍号、班级、姓名、性别、政治面貌这几个字段，并按班级升序排列，结果如图 3-20 所示，并将查询的结果存放到文件 na.qpr 中。

学籍号	班级	姓名	性别	政治面貌
080210203	08201	吴柯	男	团员
080210210	08201	赵董荣	男	团员
080210208	08201	李平	男	团员
080210254	08202	吉胡军	男	团员
080210233	08202	魏栋	男	群众
080210234	08202	王军	男	团员
080210268	08203	孙宁飞	男	团员
080210269	08203	周钰	男	团员
080210345	08303	张亮	男	群众
080210801	08402	毛永杰	男	团员
080210802	08402	杨成	男	群众

图 3-20　查询"学生档案表"部分数据窗口

任务分析

以上窗口中的内容与浏览"学生档案表"部分数据窗口相比，主要是显示的方式不同，一般查询通过浏览操作要浏览满足指定条件的记录或按某种顺序显示记录并不方便，且查询到的结果不能保存；而使用查询文件不仅能解决上述问题，而且还能检索多个关联数据源，进行计算及分组计算，并能以不同的形式输出。

任务实施

使用查询文件查询数据其基本工作就是从指定的数据源（表或视图）中选取相应的字段、提取满足条件的记录，然后按照希望得到的输出形式输出查询的结果，查询文件的扩展名

为 .qpr。

（1）利用"查询设计器"新建查询

1）打开项目文件，并打开数据库，在"数据"选项中选中"查询"，如图 3-21 所示。

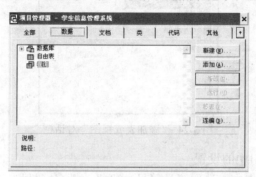

图 3-21 在项目管理器中创建查询对话框

2）单击"新建"按钮，打开如图 3-22 所示窗口。

图 3-22 "新建查询"

3）单击"新建查询"按钮，同时弹出如图 3-23 所示的"查询设计器"窗口和如图 3-24 所示"添加表或视图"窗口。

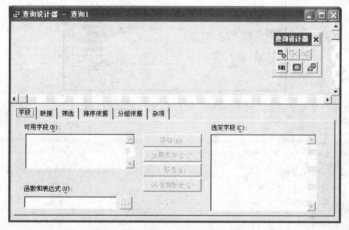

图 3-23 "查询设计器"窗口

4）选择"学生档案表"，再单击"添加"按钮，或双击"学生档案表"，即可将"学生档案表"作为查询的数据源，再单击"关闭"按钮，返回到"查询设计器"窗口。

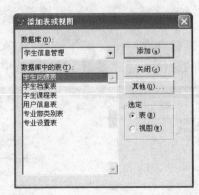

图 3-24 "添加表或视图"对话框

（2）查询设计器窗口中的设置

1）在"字段"选项卡中，选取"学籍号、班级、姓名、性别、政治面貌"这几个字段。

2）在"筛选"选项卡中，在"字段名"中选择"学生档案表 .性别"，在"实例"中输入"男"。

3）在"排序依据"选项卡中，在"选定字段"下找到"学生档案表 .班级"，单击"添加"按钮，默认为"升序"。

（3）运行结果

单击"运行"按钮，关闭查询结果，单击"保存"按钮，输入查询文件名：na，单击"保存"按钮，如图 3-25 所示。

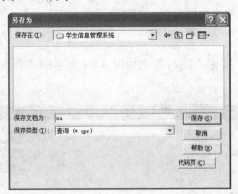

图 3-25 "保存查询"对话框

触类旁通

技术支持

1．认识查询

查询是数据库中最常用的操作，使用非常频繁，它在很大程度上影响着工作效率。Visual FoxPro 提供的查询功能，不仅能根据用户给定的筛选条件，从指定的一个或多个表或视图中获取满足条件的记录，还能按特定的方式显示和输出数据记录。

2．创建查询

通常有利用查询向导创建和使用查询设计器创建两种方法。

上述两种方法的基本步骤大致相同。

1）打开所要操作的数据源（表或视图），否则，会自动弹出一个"打开"对话框，要求用户选择要操作的数据库、表或视图，如图 3-24 所示。

2）进入向导或设计器。

若选择"查询向导"，则会弹出"向导选取"对话框，如图 3-26 所示：

图 3-26 "向导选取"对话框

"查询向导"：表示创建一个标准的查询；"交叉表向导"：表示用电子数据表的格式显示数据；"图形向导"：表示在 Microsoft Graph 中创建显示 Visual FoxPro 表数据的图形。

选择上述三种之一，单击"确定"按钮，进入查询向导，并按向导提示一步步操作，完成查询文件的创建。

若使用"新建查询"，则会打开"查询设计器"窗口，如上图 3-23 所示，同时要求添加查询的数据源。

3）进行查询设置。

查询设计器分为上下两部分，上部窗格用于显示查询所需的数据源表或视图，下部窗格包括 6 个选项卡：选取字段、设置联接条件、设置筛选条件、设置查询结果的显示次序、设置分组、杂项设置，用于对查询进行设置。

4）运行查询。

方法一：单击工具栏上的"运行"按钮 ！。

方法二：在"项目管理器"中选定具体的查询文件，然后单击"运行"按钮。

方法三：在"查询"菜单中选择"运行查询"。

方法四：在命令窗口中输入 do <查询文件名 .qpr>。

5）保存查询。

方法一：选择"文件"菜单中的"保存"命令（扩展名 .qpr，备份文件 .qpx）。

方法二：单击工具栏上的"保存"按钮。

3．查询设计器的使用

（1）上部窗格——添加数据源

方法一：选择"查询"菜单中的"添加表"命令，或在上部窗格空白处右击，从快捷菜单中选择"添加表"命令；出现如图 3-27 所示的"添加表或视图"窗口。

方法二：选择如图 3-28 所示的"查询设计器"工具栏中的"添加表"按钮 ，

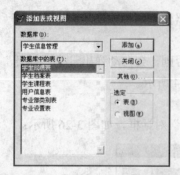

图 3-27 "添加表或视图"对话框   图 3-28 查询设计器工具栏

在如图 3-27 所示的"添加表或视图"对话框中。

1)"数据库"列表：用于选择要使用的数据库。

2)"数据库中的表"：用于从中选择要查询的视图或表。

3)"选定"框：用于从中选择数据源的类型（表或视图，默认为"表"）。

4) 若要使用不属于数据库中的表，则单击"其他"按钮。

（2）下部窗格——设置查询

1) 字段——选取需要包含在查询结果中的字段或表达式，如图 3-29 所示。

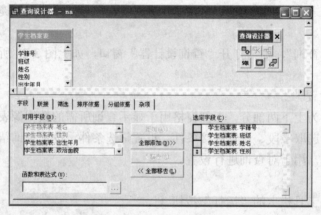

图 3-29 "字段"选项卡

方法一：在"可用字段"中选定字段名，然后单击"添加"按钮或双击"字段名"。

方法二：直接从上部窗格中将字段名拖到"选定字段"框中。

"全部添加"——用于输出全部字段，或拖动上窗格中的"*"号到"选定字段"框中。

注：若想要用某些字段给查询结果进行排序和分组，则一定要确保选取这些字段。

"函数和表达式"——可以定义计算字段用来统计数据，详细内容参见"分组依据"选项卡。

2) 联接——指定多个数据源之间的联接条件，具体见"查询多个表"。

3) 筛选——设置查询条件，如图 3-30 所示。

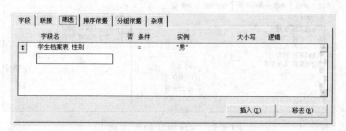

图 3-30 "筛选"选项卡

● 字段名：用于从中选择筛选字段。

● 条件：用于选择比较的类型，其比较符共有以下 10 种。

"="：指定字段值与实例文本值相等。

"Like"：主要针对字符类型，表示字段值与实例文本之间不完全匹配。

"=="：指定字段值与实例文本的值必须逐字匹配。

">"、">="、"<"、"<="：指定字段值与实例文本之间分别是大于、大于等于、小于、小于等于等关系。

"Is NULL"：指定字段值值包含 MULL 值。

"Between"：指定字段值介于实例文本中的两个值之间（包括低值和高值），两值之间用逗号分隔。

"In"：指定字段值必须是所给多个实例文本中的一个，多个文本间用逗号分隔。

● 否：指定对逻辑值取反。

● 实例：指定比较的示例值。

● 大小写：指定在条件中是否区分实例的大小写。

● 逻辑：用于在进行多个筛选条件比较时，设置各条件之间的逻辑关系（无、"AND"、"OR"）。"AND"（与）——表示只有所有条件都满足的记录才会被检索到。

　"OR"（或）——表示只要满足其中任一条件的记录都会被检索到；系统默认选项是 AND。也可将 AND 与 OR 组合起来使用，以满足特定的检索需求。

　"筛选"中的一行就是一个关系表达式，所有的行构成一个逻辑表达式。

● "插入"和"移去"按钮：分别用于增加或移去查询条件。

设置筛选条件时，还应注意以下几点。

备注字段和通用字段不能用于设置查询条件。

若实例是一个逻辑常量，则要用标准写法".t."或".f."；若实例比较值是一个字符串，可不必加定界符，但当字符串与查询的表中的字段名同名时，则要用定界符将字符串括起来；若实例是一个日期型常量，则必须用 ctod（）函数，如 ctod（'12/31/1983'）。

4）排序依据——指定查询结果中记录的排列顺序，如图 3-31 所示。

排序方式共有两种：升序和降序，系统默认为升序；在设置排序依据时，可指定多个排序字段，Visual FoxPro 会根据"排序条件"中的上下次序来决定查询结果中记录的排列次序，排在最上面的字段为第一排序字段，拖动"排序条件"框中字段左侧的按钮可调整排序的主要次序。

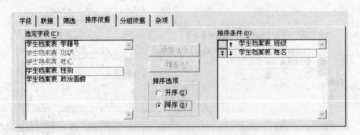

图 3-31 "排序依据"选项卡

如图 3-31 中，第一排序依据为按"班级"升序排列；第二排序依据为按"姓名"降序排列；其结果是：将查询结果中的记录先按"班级"字段排序，若"班级"相同，再按"姓名"字段排列（汉字按其拼音顺序排列，如"王"wang 和"张"zhang，其实是"w"<"z"。）。

5）分组依据——指定分组的字段，以便将一组具有相同字段值的记录压缩成一个结果记录，完成基于一组的计算，如图 3-32 所示的"分组依据"选项卡。

图 3-32 "分组依据"选项卡

选定字段时，应注意：一是将作为分组依据的"字段"放入选定字段框；二是"函数和表达式"文本框的使用，在如图 3-29 所示的"字段"选项卡中，单击"函数和表达式"下的"▢"按钮，打开如图 3-33 所示的"表达式生成器"对话框。

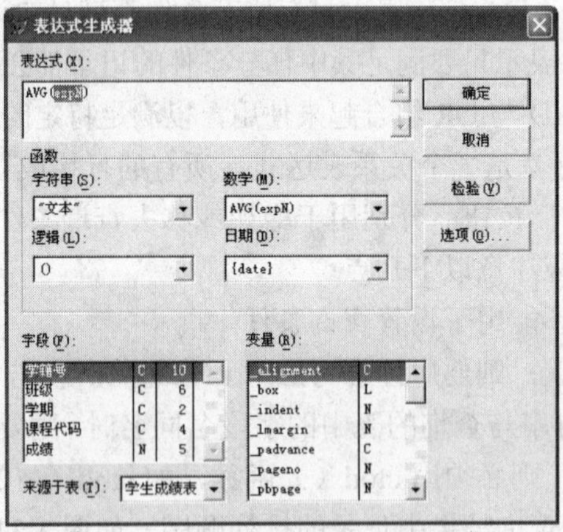

图 3-33 "表达式生成器"对话框

● "表达式生成器"对话框最上面的"表达式"框，用于直接输入或编辑表达式；"函数"共列出了 4 种函数，如图 3-33 所示，分别是字符串函数、数学函数、逻辑函数、日期函数，可按照不同的数据类型选择合适的函数；"字段"列表框：列出了当前表或视图中的字段；"变量"列表框：列出了可用的内存变量和系统变量；"来源于表"列出了当前打开的数据源；"检验"按钮用于验证表达式的合法性；"选项"按钮，弹出"表达式生成器"对话框，用于对表达式生成器中的一些函数数量、字段名称等属性进行设置。

● 查询中常用到的几个函数如下。

MAX（）|MIN（）：得到表达式中的最大值/最小值。

SUM（）|AVG（）：得到给定数值型字段的总和/平均值。

COUNT（）：得到给定的字段值的数量。

YEAR（）：得到日期型表达式中的年份数值，位数为4位。

● "满足条件"按钮——用于对已进行分组汇总的记录（而不是表中的单个记录）设置筛选条件。

单击"满足条件"按钮后，打开如图3-34所示"满足条件"对话框，设置方法与"筛选"选项卡的设置相同。

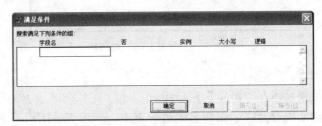

图3-34 "满足条件"对话框

6）杂项选项卡——设置一些特殊的查询条件，如图3-35所示。

图3-35 "杂项"选项卡

● 无重复记录：选中，则查询结果中将排除所有相同的记录；否则，将允许重复记录存在。

● 交叉数据表：将查询结果以交叉表格式传送给Microsoft Graph、报表或表，只有当"选定字段"刚好为3项时，才可以选择"交叉数据表"复选框，选定的3项代表X轴、Y轴和图形的单元值。

● 全部：满足查询条件的所有记录都包括在查询结果中，系统默认设置；只有在取消对"全部"复选框的选择的情况下，才可以设置"记录个数"和"百分比"。

● 记录个数：用于指定查询结果中包含多少条记录，当没有选定"百分比"复选框时，"记录个数"微调框中的整数表示只将满足条件的前多少条记录包括到查询结果中。

● 百分比："记录个数"微调框中的整数表示只将最先满足条件的百分之多少个记录包括到查询结果中。

4. 查询去向的设置

查询结果可输出到不同的目的地，作为不同的用途；系统默认把查询结果显示在浏览器窗口中。

方法一：单击"查询设计器工具"中的"查询去向"按钮，或选择"查询"菜单中的"查询去向"命令。

方法二：在查询设计器窗口的空白处右击，选择"输出设置⋯"命令，得到如图 3-36 所示"查询去向"对话框。

图 3-36 "查询去向"对话框

输出去向说明如下。

浏览：将查询结果显示在"浏览"窗口中。

临时表：将查询结果存储在一张命名的临时表中，但该表关闭后不会保存。

表：将查询结果保存在一张表中。

图形：将查询结果用于 Microsoft Graph 应用程序中制作图表。

屏幕：将查询结果显示在 VFP 主窗口或当前活动窗口中。

报表：将查询结果输出到一个报表文件。

标签：将查询结果输出到一个标签文件。

5. 查询多个表

多表查询的创建方法同单表查询类似，只是要确定关联数据之间的联接类型。

当添加第二个数据源时，会得到如图 3-37 所示的"联接条件"对话框。

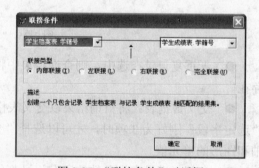

图 3-37 "联接条件"对话框

1）联接类型共有如下 4 种。

● 内部联接：指定两个表中仅满足条件的记录包含在查询结果中，是最常用的类型。系统默认。

● 左联接：指定左侧表中的所有记录，以及右侧表中的且满足联接条件的记录包含有查询结果中。

● 右联接：指定右侧表中的所有记录，以及左侧表中的且满足联接条件的记录包含在查询结果中。

● 完全联接：指定两个表中所有满足和不满足联接条件的记录都包含在结果中。

2）设置联接关系。

如果数据源之间本来已建立了某种联接，则在添加相关数据时，会自动显示联接；否则，须用户设置联接关系。

方法一：在"查询设计器"上部窗格中，拖动表中的字段与另一表中的字段来建立联接。

方法二：在"查询设计器"工具栏中选择"添加联接"按钮，即可打开"联接条件"对话框。

方法三：在"查询设计器"的"联接"选项卡中设置联接的类型或条件，如图 3-38 所示的"联接"选项卡。

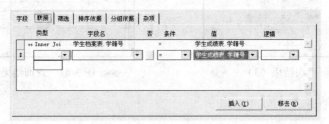

图 3-38 "联接"选项卡

联接条件可以是=、Like、==…等 10 种，注意，仅当字段的大小相等、数据类型相同时才能联接。

3）删除联接关系。

方法一：在"查询设计器"上部窗格中，选中联接线，按"Delete"键。

方法二：选中联接线，选择"查询"菜单中的"移去联接条件"。

方法三：在"联接"选项卡中，选择联接条件，单击"移去"按钮。

拓展实践

1）查询"学生成绩表"中前 4 个成绩较高的记录，查询文件名为 cj.qpr，结果如图 3-39 所示。

2）对"学生成绩表"创建查询，要求按班级分组统计"成绩"的总和及"成绩"的平均分，结果如图 3-40 所示。

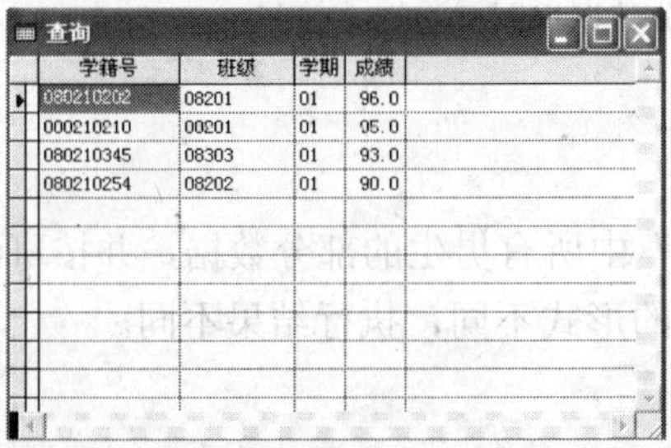

图 3-39 查询结果（1）

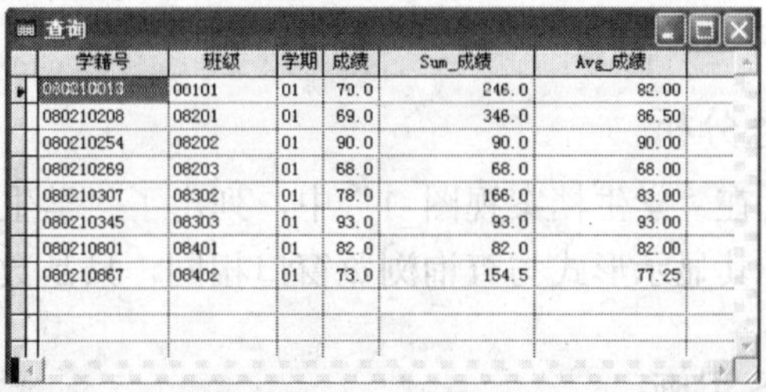

图 3-40 查询结果（2）

3）以"学生档案表"和"学生成绩表"为数据源，查询所有学生的学籍号、班级、姓名、性别、成绩，并将查询结果保存到表 dacj.dbf 中。查询结果如图 3-41 所示。

4）对上题中的查询，如只想查询所有男生的成绩平均分，结果如图 3-42 所示，该如何操作？

图 3-41　查询结果（3）　　　　　　　　　　图 3-42　查询结果（4）

任务 3——使用视图

任务描述

查看"学生档案表 .dbf"中相关的数据内容，按班级排序，以便按班级对其中男生的姓名、出生年月、政治面貌、家庭住址、联系电话等做适当的修改，并能将修改的结果立即送回源表（学生档案表 .dbf）而使源表中的数据也随之更新，如图 3-43 所示。

学籍号	班级	姓名	性别	出生年月	政治面貌	家庭住址	联系电话
080210203	08201	吴柯	男	02/01/93	团员	横山桥镇新安肺地陆家村45号	13482220955
080210210	08201	赵重荣	男	02/01/93	团员	新北区小河镇66号	13805999955
080210208	08201	李平	男	01/19/93	团员	钟楼区新闸镇杜家塘3号	13088855721
080210254	08202	吉胡军	男	12/06/92	团员	湖塘龙潭板桥村23号	13901230567
080210233	08202	魏栋	男	02/01/93	群众	金坛市薛埠镇花山东沟4组11号	13733211122
080210234	08202	王军	男	03/01/93	团员	邹区礼河尚士村	13666660088
080210268	08203	孙宁飞	男	03/07/93	团员	牛塘镇延政中路90号	13434444555
080210269	08203	周钰	男	01/19/93	团员	墅业杨家村4号	13134557777
080210345	08303	张亮	男	02/22/93	群众	街北新村6幢3号	13224444558
080210801	08402	毛永杰	男	12/01/93	团员	新北区西夏墅镇浦河杏街22号	13298884490
080210802	08402	杨成	男	10/01/92	群众	湖塘四季城北苑201幢甲单元44号	13000666433

图 3-43　"学生档案表"部分数据视图

任务分析

在"学生档案视图_1"中，列出了"学生档案表"中所有男生的部分数据，并按班级排列，其显示形式与查询浏览窗口相同，只是数据存放的形式不同，执行结果不同。

任务实施

视图的创建方法与查询的创建方法类似。视图是一个定制的虚拟逻辑表，视图中只存放相应的数据逻辑关系，并不保存表的记录内容，但可以在视图中改变记录的值，然后将更新记录返回到源表。因此,视图不能单独存在,只能从属某个数据库。视图只是数据库的一部分,只有打开数据库后才能对视图进行操作;因此,在创建视图之前,必须打开包含相应的数据库或数据源表,然后再创建。

(1)利用"视图设计器"新建本地视图

1)打开"学生信息管理系统"项目管理器,打开"学生信息管理"数据库,选中"本地视图",单击"新建"按钮,在如图3-44所示"新建本地视图"对话框中,单击"新建视图"按钮。

图3-44 "新建本地视图"对话框

2)在打开"视图设计器"窗口的同时,弹出"添加表或视图"对话框,选择"学生信息管理"数据库中的"学生档案表",单击"添加"按钮,然后关闭"添加表或视图"对话框,返回到"视图设计器"窗口,如图3-45所示。

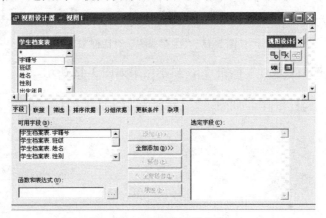

图3-45 "视图设计器"窗口

(2)"视图设计器"中选项卡的设置

1)在"字段"选项卡中,选取"学籍号、班级、姓名、性别、政治面貌、家庭住址、联系电话"这几个字段。

2)在"筛选"选项卡中,在"字段名"中选择"学生档案表.性别",在"实例"中输入"男"。

3)在"排序依据"选项卡中,在"选定字段"下找到"学生档案表.班级",单击"添加"按钮,默认为"升序"。

4)在"更新条件"选项卡中,进行如图3-46所示的设置。

图3-46 "更新条件"选项卡

● 在"字段名"列表框中，"学籍号"所在行，对着"钥匙"图标，单击复选按钮，出现一个"√"，该操作是设置关键字，一般视图中要求每个数据表中必须并且只能设定一个字段为"关键字段"，其后出现"铅笔"标志，在需要设置更新的字段名前，对着"铅笔"列，单击复选按钮，如图 3-46 所示。

● 选定"发送 SQL 更新"复选框。

5）单击工具栏上"保存"按钮，出现如图 3-47 所示对话框，输入视图名称：视图 1，单击"确定"按钮。

图 3-47 "保存视图"对话框

（3）单击工具栏上"运行"按钮 ![运行按钮]，显示结果如图 3-43 所示。

触类旁通

 技术支持

1．认识视图

视图是从一个表或多个表或其他视图上导出的表，视图中只存放相应的数据逻辑关系，并不保存表的记录内容。

使用视图，不仅可以从数据表中提取一组记录，而且在需要时可以改变记录值，并将更新的结果发送回源表；有的视图，可根据用户输入的检索条件来提取记录；有的视图可用作表单、报表等对象的数据源。

视图不能单独存在，只能从属某个数据库，只有在包含视图的数据库打开时，才能使用视图。

根据数据的来源不同，视图可以分为本地视图和远程视图。本地视图直接从本地计算机的数据库表或其他视图中提取数据；远程视图则可从支持开放数据库连接 ODBC（Open DataBase Connectivity）的远程数据源（如网络服务器）中提取数据。还可以将一个或多个远程视图添加到本地视图中，以便能在同一个视图中同时访问本地数据库中的数据和远程 ODBC 数据源中的数据。如未特别说明，以下所指视图均为本地视图。

2．创建视图

创建方法同创建查询类似，通常有利用查询向导创建和使用查询设计器创建两种方法。

在创建视图之前，必须打开所需要依附的数据库文件。

如采用创建一般文件的方法创建，单击"文件——新建——视图"，则会出现如图 3-48 所示"新建"窗口。

其中"视图"选项是灰色的，当前无法使用，原因在于创建视图之前没有打开相应的数据库文件。

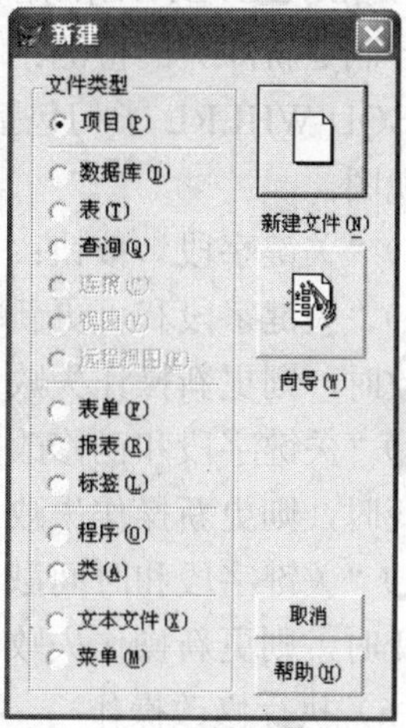

3．视图设计器的使用

使用方法同查询设计器，与查询的最大区别是，视图设计器中多了一个"更新条件"选项卡，如图 3-46 所示，该选项卡具有设置更新表字段的条件，并将修改结果返回给源表的功能。

4．利用视图来更新数据

更新的具体步骤如下：（参见如图 3-46"更新条件"选项卡）

图 3-48　"新建"窗口

（1）选择表

在"表"下拉列表框中选择要修改数据的数据源表，该表的字段会在右边的"字段名"列表框中显示。

（2）确定关键字段

关键字段的作用是保证使视图中的修改与原始记录相匹配。如果没有设置一个字段为关键字，则无法对源表进行更新。具体方法：在选定关键字前单击"钥匙图标 �"列，出现一个"✓"即可。

也可单击"重置关键字"按钮，可从每个表中选择主关键字字段作为视图的关键字。

注意：关键字的设置必须唯一，若有重复值，则必须选取组合关键字来避免重复。

（3）设置可更新字段

要使修改的值能回到源表中，就要将对应的字段设置为可更新字段。具体方法：在选定的可更新字段前单击"铅笔图标 ✐"列，出现一个 ✓ 即可，再次单击，即可取消。单击"全部更新"按钮，可设置除关键字以外的所有字段均为可更新。

如果没有一个字段设置为可修改字段，即使在"浏览"窗口中修改了字段的值，也不可能更改源表的数据。

注意：由于关键字段是用于表示记录的，所以不要将关键字作为可更新字段。

（4）回存结果

选择"发送 SQL 更新"复选框，即可将视图中的修改结果回存到源表中。（注：必须先设置一个关键字，否则为灰色，不能用。）

（5）远程视图中的更新设置

选项卡右边的选项主要用于远程视图的更新设置。

设置更新方法：

1）[SQL DELETE 然后 INSERT]：在修改源表时，先删除源表记录，再创建一个新的在视图中被修改的记录。

2）[SQL UPDATE]：用视图字段的变化来修改源表中的字段。

控制更新冲突的检测：

[SQL WHERE 子句包括]栏目，用于多用户访问同一数据时记录的更新方式，一般用于远程视图。

1）"关键字段"按钮：当源表中的关键字段被改变时，则更新操作失败。

2）"关键字段和可更新字段"按钮：当源表中的关键字段或任何被标记为可修改的字段被修改时，则更新操作失败。

3）"关键字段和已修改字段"按钮：当源表中的关键字段或任何被标记为可修改的字段被改变时，则更新操作失败。

4）"关键字段和时间戳"按钮：如果从视图抽取此记录后，远程数据表中此记录的时标被改变时，则更新操作失败。

（6）执行修改操作

1）运行视图：

方法一：在项目管理器中运行

先在"数据"选项卡中选择需要运行的视图，然后选择"浏览"按钮。

方法二：在视图设计器中运行

选择常用工具栏的"运行"按钮或"查询"菜单的"运行查询"命令。因视图不能单独存在，这也是视图与查询的根本区别之一。

2）在"浏览"窗口中修改可更新字段的内容即可。

打开源表，"浏览"以查看更新的结果。

5. 视图与查询的区别

1）功能不同：视图具有查询的一切功能并且还具有更新数据的功能，同时可回存到数据表中；而查询得到一组只读类型的动态数据，仅供查看，不能回存。这是本质区别。

2）归属不同：视图是一个定制的虚拟逻辑表，其中只存放相应的数据逻辑关系，并不保存表的记录内容，所以它不是一个独立文件，它保存在数据库中，不能独立存在；查询文件是一个独立文件，扩展名为 QPR，不属于数据库。

3）输出去向不同：视图的结果只能在浏览窗口显示，而查询可以选择多种去向，如临时表、报表、图表等。

4）使用方法不同：视图可以作为数据源被引用，而查询不能。

5）使用方式不同：视图只有所属的数据库被打开时才能使用，而查询可以独立打开。

6）访问限制不同：视图数据源可以是本地数据源，也可以是远程数据源，而查询不能访问远程数据源。

6. 使用视图有以下几方面的优点

1）视点集中：视图能使用户把注意力集中在所关心的数据上，使用户看到的数据结构简单而直截了当。

2）简化操作：视图可以把若干张表或视图连接在一起，为用户隐蔽了表与表、表与视图、视图与视图之间的连接操作。

3）多角度：视图可使不同用户从多角度处理同一数据，当许多不同种类用户使用同一个集成数据库时，这种灵活性显然是很重要的。

4）安全性：可针对不同的用户形成不同的视图窗口，使不同的用户了解不同的数据，对数据的安全保密性起到了很大作用。

拓展实践

1．用创建一般文件的方法，即用“文件”菜单下的“新建”命令来创建名为“学生档案视图”的视图，以提取“学生档案表”中“非团员”的部分字段，并按“班级”降序排列，结果如图3-49所示。

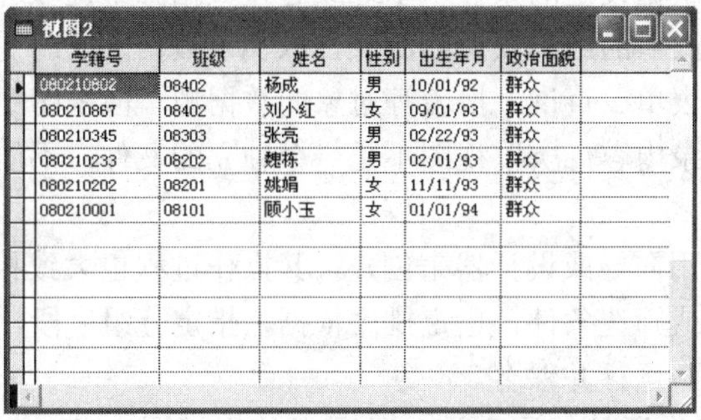
视图2

学籍号	班级	姓名	性别	出生年月	政治面貌
080210802	08402	杨成	男	10/01/92	群众
080210867	08402	刘小红	女	09/01/93	群众
080210345	08303	张亮	男	02/22/93	群众
080210233	08202	魏栋	男	02/01/93	群众
080210202	08201	姚娟	女	11/11/93	群众
080210001	08101	顾小玉	女	01/01/94	群众

图3-49　“学生档案表”中的部分字段

2．在项目管理器中创建视图，名为“档案成绩”，要求能查询各班男生的政治面貌和成绩，以便快速更新源表中的数据。

3．修改上题中的“档案成绩”视图，要求按“班级”排序，且同班学生按女在前男在后的顺序排列。

项目小结

查询是数据库中最常用的操作，使用非常频繁，在Visual FoxPro中，要查询数据，一般可以用以下3种方法，第一个是在浏览窗口或在屏幕上查询数据；第二个是利用查询文件查看；第三个是利用视图来查询。

一般查询，即在浏览窗口或在屏幕上查询数据，主要是用于在大量数据中快速查看所要的数据，找到的结果不能保存；在默认情况下，记录的条数是表中全部记录，记录的顺序是输入记录时的顺序；字段的个数也是表中全部字段，字段显示顺序是由表结构决定的，实际使用时，用户可以使用菜单法或命令法来改变它们的个数及顺序。

在“工作区属性”窗口，“数据过滤器”用于限定记录的条数，“允许访问”用于设定字段的个数，“索引顺序”既可设置记录的排列顺序同时也能对记录进行筛选。

在记录显示命令中，可通过"for 条件"可选项来设置过滤的条件，"范围"可选项来限定记录的查询区域，"字段列表"可选项来确定字段的个数及显示顺序，通过设置当前索引，来确定查看时记录的排列顺序，同时也能对记录进行筛选。

使用记录的定位，可以方便地定位到所要操作的记录上。

使用查询文件，不仅能根据用户给定的筛选条件，从指定的一个或多个表或视图中获取满足条件的记录，还能进行计算及分组计算，并按特定的方式显示和输出数据记录。

在 Visual FoxPro 中，查询文件可以保存查询到的结果，其扩展名为"QPR"，该文件实质上保存的是筛选条件和其他设定条件；每次查询数据时，调用该文件并执行查询，从数据库的相关表或视图中检索出数据。但查询结果只能供用户浏览，不能修改。为此，Visual FoxPro 提供了视图操作。

使用视图，不仅能根据设定的条件从本地或远程数据源中提取一组记录，而且可以修改检索到的记录，并将更改后的结果发送回源表，以实现数据的及时更新；同时，视图结果还可以作为其他对象，如表单、查询、报表等对象的数据源。但视图中只存放相应的数据逻辑关系，并不保存表的记录内容；所以视图不是一个独立的文件，不能单独存在，只能从属某个数据库。

查询和视图都可以用向导或设计器来创建，其操作过程也大致相同。添加数据源，选取相应的字段，设置联接或筛选条件，指定排序依据，指定分组字段，以便分组统计，确定输出形式或进行更新设置，运行并保存。

无论是采用一般查询还是使用查询文件或者使用视图，都能实现数据的快速检索；查询前，先要分析具体情况，若只要临时查看一下，则可采用一般查询在浏览窗口或在屏幕上显示即可；若要将查询到的结果保存起来，以备下次浏览查看，则可用查询文件；若要在较多的数据中修改部分数据（且这些数据是没有规律的），并能使源表中相应数据随之更新，则可采用视图来实现；若要将查询到的结果，作为其他对象的数据源，则可使用视图。

实 战 强 化

1. 查询"借阅表"中所有借书到期的学生的证件号、题名、到期否，并按证件号升序排列，并将查询结果保存到表"到期 .dbf"中。浏览结果如图 3-50 所示。

图 3-50　对"借阅表"的查询结果

2. 对"读者信息表"创建查询，要求按性别分组显示证件号、姓名、性别、读者信息、电话，查询结果如图 3-51 所示。

图 3-51 对"读者信息表"的查询结果

3. 以"馆藏信息表"和"进书表"为数据源，查询所有学生的条码号、索取号、馆藏地、题名、进馆日期，并按条码号降序排列。查询结果如图 3-52 所示。

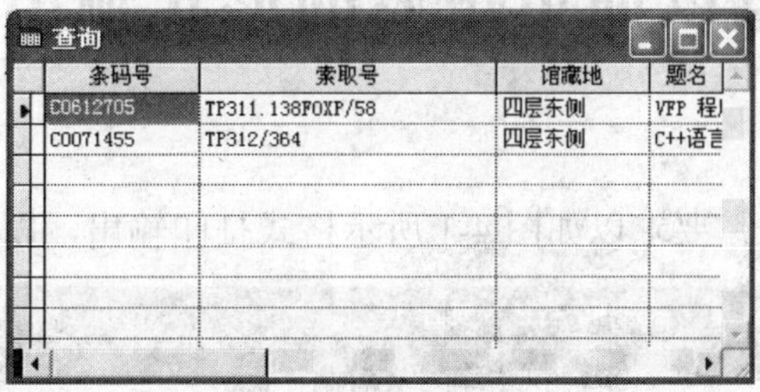

图 3-52 查询结果

4. 在项目管理器中创建视图，名为"读者信息视图"，要求能查询男生的证件号、姓名、出生日期、性别、违章状态、欠款状态，并按出生日期降序排列，结果如图 3-53 所示。

图 3-53 视图

项目 4　项目数据的输出

任务 1—— 数据以简单报表的形式输出

任务描述

现有一张学生成绩表，要求以如图 4-1 所示格式打印输出，以便阅读。

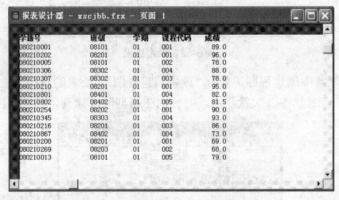

图 4-1　"xscjbb.frx" 报表窗口

任务分析

比较源数据表"成绩表"和上述报表，数据内容相同，只是布局有所改变。

任务实施

Visual FoxPro 提供了多种创建报表的方法，用户可以利用报表向导、"快速报表"命令和报表设计器创建报表。使用报表向导创建报表的方法请参看本任务后的技术支持。本任务利用"快速报表"的命令创建报表。一般步骤如下：

1）打开"项目管理器"，选择"文档"选项卡。

2）在"文档"选项卡中选择"报表"选项。

3）单击"新建"按钮，在弹出的"新建报表"对话框中单击"新建报表"按钮，系统显示"报表设计器"窗口，如图 4-2 所示，此时显示的是一个空白报表。

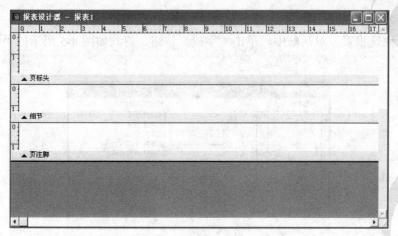

图 4-2 空白"报表设计器"窗口

4）在"报表设计器"窗口的"报表"菜单中选择"快速报表"命令。

若系统没有事先打开报表数据源，如表或视图，则系统会打开如图 4-3 所示对话框，要求选择报表的数据源。

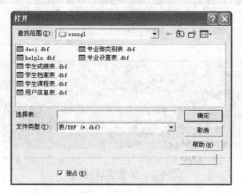

图 4-3 "打开"对话框

若已打开了数据源，则系统弹出"快速报表"对话框，如图 4-4 所示。

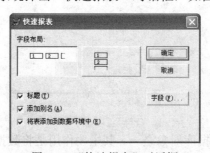

图 4-4 "快速报表"对话框

在以上"快速报表"对话框中，"字段布局"用于确定字段在报表中以横排还是竖排的顺序排列；"标题"复选框，表示在报表中为每一个字段添加一个报表标题；"添加别名"复选框，表示在报表中为每一个字段添加表的别名；"将表添加到数据环境中"复选框，表示把打开的表文件添加到报表的数据环境中以作为报表的数据源；"字段"按钮可以为报表选择可用的字段，缺省情况下报表选择表文件中除通用型字段以外的所有字段。

5）在"快速报表"对话框中，单击"字段"按钮，得到如图 4-5 所示的"字段选择器"对话框。

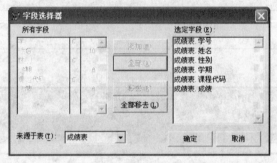

图 4-5 "字段选择器"对话框

6）选择字段后，单击"确定"按钮返回图 4-4，然后单击"确定"按钮，得到如图 4-6 所示的报表设计器窗口。

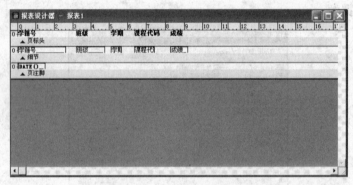

图 4-6 报表设计器窗口

7）单击工具栏上的"打印预览"按钮，得到如图 4-1 所示的报表预览窗口。

8）保存报表，将报表保存为 xscjbb.frx。

触类旁通

 技术支持

1. 认识报表

报表是 Visual FoxPro 数据库对象之一，其主要作用是将数据库中的表、视图、查询的数据进行组合，显示经过格式化且分组的信息。

在 Visual FoxPro 中，报表是数据输出的重要形式之一，报表设计是应用程序开发的一个重要组成部分。设计报表通常包括数据源和布局两部分内容。数据源是报表的数据来源，它可以是数据库表或自由表，也可以是视图或临时表。布局定义了报表的打印格式。设计报表就是根据报表的数据源来设计报表的布局。

可以在数据环境中简单地定义报表的数据源，用它们来填充报表中的控件。可以添加表或视图并使用一个表或视图的索引来排序数据。可以通过放置控件来确定在报表中显示数据的内容和位置。

报表中除了可显示表、视图、查询中的数据，还可以根据需要运用变量、表达式来显示计算的结果。

每个报表包括两个文件：具有 frx 文件扩展名的布局文件和具有 frx 文件扩展名的相关文件。报表文件指定了控件、要打印的文本及信息在页面上的位置。报表文件不存储每个数据字段的值，只存储一个特定报表的位置和格式信息。

有三种创建报表的方法：第一种是利用"快速报表"创建一个简单的单表或多表报表；第二种是利用报表设计器创建新的报表或修改已有的报表；第三种是利用"报表向导"创建简单报表或多表报表。

以上每种方法创建的报表文件都可以用报表设计器进行修改，"报表向导"是创建报表最简单的途径，"快速报表"是创建简单报表最迅速的途径。

2．利用报表向导创建简单报表和多表报表

利用"报表向导"创建报表时，只须先启动报表向导，再在报表向导的引导下直观地创建报表。启动报表向导可以使用如下两种方法：

方法一：在"项目管理器"的"文档"选项卡中选"报表"，单出"新建"按钮，在弹出的"新建报表"对话框中选择"报表向导"按钮，打开如图 4-7 所示的"向导选取"对话框选择向导类型，启动报表向导。

方法二：单击"文件"菜单的"新建"命令，在"新建"对话框中，选择"报表"单选按钮，并选择"向导"按钮，打开如图 4-7 所示的"向导选取"对话框选择向导类型，启动报表向导。

图 4-7 "向导选取"对话框

"报表向导"用于为一个表创建报表，"一对多报表向导"用于为两个相关联的表创建报表。如果选择"报表向导"为一个表创建报表，则向导引导用户依次完成：字段选取、分组记录、选择报表样式、定义报表布局、设置排序条件、保存报表等操作。如果选择"一对多报表向导"为两个相关联的表创建报表，则向导引导用户依次完成：从父表选择字段、从子表选择字段、建立表之间的关系、设置排序次序、选择报表样式、保存报表等操作。

3. 利用报表设计器创建简单报表和多表报表

报表设计器是创建和修改报表的有用工具。具体步骤如下。

（1）用报表设计器创建空白报表

（2）添加数据源

方法一：可以使用视图作为数据源创建多表报表。若为多表报表，则先要建立多表视图。

方法二：可以直接使用表为数据源创建多表报表。若为多表报表，则把多个表添加到报表的数据环境中，如果表与表之间已经按关键字段建立了永久关系，则它们之间的连线已存在，可以直接在数据环境中把表的字段添加到报表设计器中。若表与表之间还没有建立关系，则先要建立临时关系，在数据工作期窗口中，建立表间的临时关系后，再在数据环境中把表的字段添加到报表设计器中。

4. 预览报表

预览报表就是在屏幕上预先观看报表打印的实际效果，如果发现不足之处，可以及时修改，从而提高工作效率。在项目管理器中，先选择需要预览的报表，再选择"预览"按钮，即可预览报表。在报表设计器中，可以使用如下方法预览报表：

方法一：单击"常用"工具栏上的"打印预览"按钮。

方法二：选择"显示"菜单的"预览"命令。

方法三：选择"文件"菜单的"打印预览"命令。

方法四：在报表设计器上右击，再从快捷菜单中选"预览"命令。

无论选择哪种方法，都将打开预览窗口和如图 4-8 所示的"打印预览"工具栏。用户可以使用该工具栏选择预览的页面，改变显示比例，退出预览或打印报表。

图 4-8 "打印预览"工具栏

拓展实践

1. 以"学生档案表"为数据源，创建如图 4-9 所示的报表，要求分别用"报表向导"、"快速报表"命令、"报表设计器"3 种方法实现。

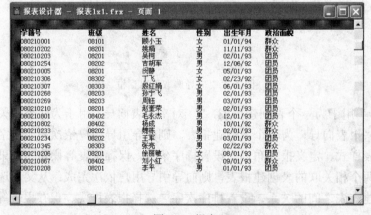

图 4-9 报表

2．以"学生成绩表"和"学生课程表"为数据源，创建如图 4-10 所示的多表报表，要求分别以"视图"为数据源和直接以"表"为数据源创建多表报表。

学生成绩单					
学籍号	班级	学期	课程代码	课程名称	成绩
080210001	08101	01	001	语文	89.0
080210202	08201	01	001	语文	96.0
080210005	08101	01	002	数学	78.0
080210306	08302	01	004	德育	88.0
080210307	03302	01	003	英语	78.0
080210210	08201	01	001	语文	95.0
080210801	08401	01	004	德育	82.0
080210802	08402	01	005	办公自动化	81.5
080210254	08202	01	001	语文	90.0
080210345	08303	01	004	德育	93.0
080210216	08201	01	003	英语	86.0

图 4-10　多表报表

任务 2——数据以有序报表的形式输出

任务描述

对"学生成绩表"按照"课程代码"对记录进行排列输出，如图 4-11 所示。

学生成绩单				
学籍号	班级	学期	课程代码	成绩
080210001	08101	01	001	89.0
080210202	08201	01	001	96.0
080210210	08201	01	001	95.0
080210254	08202	01	001	90.0
080210208	08201	01	001	69.0
080210005	08101	01	002	78.0
080210269	08203	01	002	68.0
080210307	08302	01	003	78.0
080210216	08201	01	003	86.0
080210306	08302	01	004	88.0
080210801	08401	01	004	82.0
080210345	08303	01	004	93.0
080210867	08402	01	004	73.0
080210802	08402	01	005	81.5
080210013	08101	01	005	79.0

图 4-11　"学生成绩单"报表窗口

任务分析

实际中，常常需要把数据按某种顺序输出，这就需要制作有序报表。报表的数据源可以是表，也可以是视图。在创建有序报表时，可以先使用视图按照指定的顺序组织数据，再利用视图作为数据源创建报表。本任务可以先利用原成绩表建立一个按性别排序的视图，再以该视图为报表的数据源创建报表就可实现目的。

任务实施

1. 创建有序报表

（1）以视图为数据源创建有序报表

以视图为数据源创建有序报表，其一般操作步骤如下。

1）以"学生成绩表"为数据源，按"课程代码"升序新建一个视图 cjbst。

2）使用上述创建报表的方法，新建一个空白报表。

3）选择"显示"菜单中的"数据环境"命令，打开数据环境设计器。

4）选择"数据环境"菜单中的"添加"命令，打开如图 4-12 所示的"添加表或视图"对话框。

图 4-12　"添加表或视图"对话框

5）先选择"视图"单选按钮，再把 cjbst 视图添加到"数据环境设计器"窗口中，如图 4-13 所示。

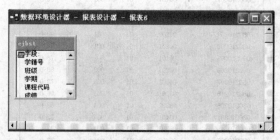

图 4-13　"数据环境设计器"窗口

6）把 cjbst 视图的字段拖到报表细节带区，并适当调整位置。

7）预览并保存报表。将本报表保存为 cjd_kcdm.frx。

（2）以表为数据源创建有序报表

以表为数据源创建有序报表，前提是有关字段已做过索引。其一般步骤如下。

1）对"学生成绩表"按"课程代码"字段创建索引：课程代码。

2）使用上述创建报表的方法，新建一个简单报表。

3）选择"显示"菜单中的"数据环境"命令或在报表设计器窗口空白处右击，选择"数据环境"，打开数据环境设计器。

4）选中"数据环境设计器"窗口中的表，然后单击鼠标右键，在弹出的快捷菜单中选择"属性"命令。

5）在弹出的"属性"窗口中，选择对象框中的"Cursor1"。

6）选择"数据"选项卡，然后选定"Order"属性，并为其选择索引字段：课程代码，如图4-14所示。

7）关闭"属性"窗口和"数据环境设计器"窗口。

8）预览并保存报表。

图4-14　按"课程代码"设置索引窗口

2．在报表设计器中修改报表

（1）为报表添加标签控件

1）单击"报表"菜单中的"标题/总结"，为报表添加标题带区。

2）单击"报表控件"工具栏的"标签"按钮 **A** 再单击标题带区的适当位置，并输入：学生成绩单。

（2）设置字符格式

1）选择标题带区的"学生成绩单"，再单击"格式"菜单的"字体"命令，打开"字体"对话框，设置标题的字符格式为：黑体、粗体、四号字。单击"确定"按钮，返回报表设计器。

2）使用相同的方法，设置页标头字符的格式为：楷体、小四号字。

3）适当调整页标头和细节带区的高度。

（3）绘制一条直线

1）单击"报表控件"工具栏的"线条"按钮 **十**，在页标头标签文字下插入一直线。

2）选择线条，单击"格式"菜单中的"绘图笔"命令，选择 2 磅；单击"显示"菜单的"调色板工具栏"命令，在"调色板"对话框中选择蓝色。

触类旁通

技术支持

1．报表设计器中的报表带区

报表设计器中的空白区域称为带区，首次启动报表设计器时，报表布局中默认有 3 个带区：页标头、细节和页注脚（如图4-12所示）。

每个带区的底部都有一个分隔栏，各分隔栏左侧有一个向上的蓝色箭头，表示此带区的名称。每个带区的大小可以改变，改变时只要将鼠标拖动带区分隔条。带区大小改变后，预览或打印报表时，会使相应带区的行间距发生变化。

使用报表设计器内的带区，可以控制数据在页面上的打印位置。报表布局可以有几个带区。报表也可能有多个分组带区或者多个列标头和注脚带区，可以参照表 4-1 设置、使用所需的带区。

表 4-1　带区使用、设置说明

带 区 名 称	打 印 控 制	设 置 方 法
标题	每报表使用一次	从"报表"菜单中选择"标题/总结"带区
页标头	每页使用一次	默认可用
列标头	每列使用一次	从"文件"菜单的"页面设置"中设置"列数"
组标头	每组使用一次	从"报表"菜单中选择"数据分组"
细节带区	每条记录使用一次	默认可用
组注脚	每组使用一次	从"报表"菜单中选择"数据分组"
列注脚	每列使用一次	从"文件"菜单的"页面设置"中设置"列数"
页注脚	每页使用一次	默认可用
总结	每报表使用一次	从"报表"菜单中选择"标题/总结"带区

2. 设置报表数据源

报表的数据源可以是数据库表、自由表或视图。在设计报表时，如果该报表总是使用相同的数据源，可以把数据源添加到报表的数据环境中。向数据环境中添加表或视图的方法如下：

1）在"数据环境设计器"窗口中单击鼠标右键，在弹出的快捷菜单中选择"添加"命令，系统将弹出"添加表或视图"对话框。

2）在"选定"区域中选取"表"或"视图"，若要添加自由表，应单击"其他"按钮。

3）单击"添加"按钮。系统将选中的表或视图添加到"数据环境设计器"窗口中。

4）单击"关闭"按钮，关闭"添加表或视图"对话框。

如果数据库表已建立了永久关系，在数据环境中添加数据库表时，表间关系同时被添加。也可以在"数据环境设计器"窗口中建立表间关系。

3. 为数据环境中的表设置索引

为数据环境中的表设置索引，可以控制报表中记录的打印顺序，但前提是有关字段已做过索引。为数据环境中的表设置索引，方法如下：

1）选择"数据环境设计器"窗口中的表，然后单击鼠标右键，在弹出的快捷菜单中选择"属性"命令。

2）在弹出的"属性"窗口中，选择对象框中的"Cursor1"。

3）选择"数据"选项卡，然后选定"Order"属性，并为其选择索引字段。参见图 4-14。

4）关闭"属性"窗口和"数据环境设计器"窗口。

4. 报表控件

为美化报表和满足报表的各种输出要求，常常需要向报表添加文本、图片、线条等内容，可以通过添加报表控件来实现这一功能。

打开报表设计器时，在默认状态下如图4-15所示的"报表控件"工具栏也会自动打开。

图4-15 "报表控件"工具栏

1）"报表控件"工具栏上提供添加报表控件的功能，该工具栏上按钮的说明如表4-2所示。

表4-2 "报表控件"工具栏按钮的说明

按　钮	名　称	说　明
▶	选定对象	移动或更改控件的大小
A	标签	创建一个标签控件，用于保存不希望用户改动的文本
abl	域控件	用于显示表字段、内存变量或其他表达式的内容
†	线条	用于画各种线条样式
□	矩形	用于画矩形
○	圆角矩形	用于画椭圆和圆角矩形
OLE	图片/ActiveX 绑定控件	用于显示图片或通用数据字段的内容
🔒	按钮锁定	允许添加多个同种类型的控件，而不需多次按此控件的按钮

2）添加标签控件。

● 从报表工具栏中，选择"标签"按钮。

● 在报表设计器中单击插入处，将一个标签控件放在报表中。

● 键入该标签的字符。

3）添加域控件

报表可以包含域控件，它们表示表的字段、变量和计算结果，添加域控件的方法如下：

方法一：从数据环境中添加字段。

● 在报表的数据环境中选择需要的表或视图。

● 将需要的字段拖放到报表布局上。

方法二：从报表控件工具栏添加表中字段。

● 从"报表控件"工具栏中，单击"域控件"按钮，在报表的插入点单击，出现如图4-16所示的"报表表达式"对话框。

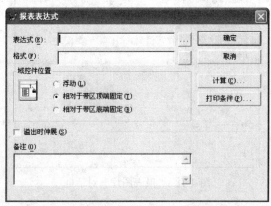

图4-16 "报表表达式"对话框

● 在"报表表达式"对话框中选择"表达式"后的 ，出现如图 4-17 所示的"表达式生成器"对话框。

图 4-17 "表达式生成器"对话框

● 在"表达式生成器"对话框的"字段"列表框，双击所需的字段名。表名和字段名将出现在"报表字段的表达式"内。如果"字段"框为空，则应该向数据环境添加表或视图。

● 在"表达式生成器"对话框中，单击"确定"按钮。

● "报表表达式"对话框中，选择"确定"按钮。

4）添加 OLE 对象。

在开发应用程序时，OLE 技术是常用的。一个 OLE 对象，可以是图片、声音、文档等。在这里主要讨论如何在报表中添加图片。方法如下：

● 在报表设计器中，单击 按钮，在报表的插入点单击，出现如图 4-18 所示的"报表图片"对话框。

图 4-18 "报表图片"对话框

● 在"图片来源"区域选择"文件"或字段。若希望图片在报表中不随记录的变化而变化，应选择"文件"，并输入或选择一个图片文件名（如 JPG、GIF、BMP 或 ICO 文件）；若要显示表中通用型字段的图片内容，应选择"字段"，并输入或选择一个通用型字段名。

5）添加线条、矩形和圆角矩形。

要在报表中添加线条，应在"报表控件"工具栏上单击"线条"按钮，然后在报表中拖曳鼠标生成线条。

要在报表中添加矩形，应在"报表控件"工具栏上单击"矩形"按钮，然后在报表中拖曳鼠标生成矩形。

要在报表中添加圆角矩形，应在"报表控件"工具栏上单击"圆角矩形"按钮，然后在报表中拖曳鼠标生成圆角矩形。

5. 调整控件的大小

如果在布局上已有控件，则可以单独更改它的尺寸，或者调整一组控件的大小使它们彼此相匹配。可以调整除标签外的任何报表控件的大小，标签的大小由文本、字体及磅值决定。

1）要调整单个控件的大小，可选择要调整的控件，然后拖动选定的控点直到所需的大小。

2）要使多个控件具有相同的尺寸，可选择要调整的控件，从"格式"菜单中选择"大小"命令，从中选择适当的选项可按照需要调整控件的大小，如图 4-19 所示。

图 4-19 "大小"命令的选项

6. 对齐控件

设计报表时，常常需要使控件按行或按列对齐，或者使一组控件具有相同的宽度或高度。使用鼠标拖动很难精确对齐控件，也很难精确设置控件的大小。"格式"菜单的"对齐"命令（如图 4-20 所示）和"布局"工具栏（如图 4-21 所示），提供了精确对齐控件和设置控件大小的功能。

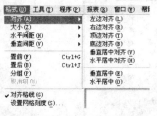

图 4-20 "对齐"命令的选项

图 4-21 "布局"工具栏

拓展实践

1．创建如图 4-22 所示的按"班级"排序的有序报表。要求分别以"学生成绩表"为数据源和以有序视图为数据源创建。

2．以"学生成绩表"为数据源，创建如图 4-23 所示的按"学籍号"排序的"成绩条"报表。

学生成绩一览表

学籍号	班级	学期	课程代码	成绩
080210001	08101	01	001	89.0
080210005	08101	01	002	78.0
080210013	08101	01	005	79.0
080210202	08201	01	001	96.0
080210210	08201	01	001	95.0
080210216	08201	01	003	86.0
080210208	08201	01	001	69.0
080210254	08202	01	001	90.0
080210269	08203	01	002	68.0
080210306	08302	01	004	88.0
080210307	08302	01	003	78.0
080210345	08303	01	004	93.0
080210801	08401	01	004	82.0
080210802	08402	01	005	81.5
080210867	08402	01	004	73.0

成绩平均分: 83.0

图 4-22　按"班级"排序的有序报表

成绩条

学籍号	班级	学期	课程代码	成绩
080210001	08101	01	001	89.0

学籍号	班级	学期	课程代码	成绩
080210202	08201	01	001	96.0

学籍号	班级	学期	课程代码	成绩
080210005	08101	01	002	78.0

学籍号	班级	学期	课程代码	成绩
080210306	08302	01	004	88.0

图 4-23　按"学籍号"排序的"成绩条"

任务 3—— 数据以分组报表的形式输出

任务描述

为了对"学生成绩表"中每门课程的"成绩"进行比较，需要统计各门课程"成绩"的平均分，请利用报表实现，并按如图 4-24 所示样式打印输出。

图 4-24　"学生成绩单"报表

任务分析

对数据适当分组将使报表更易于阅读。设计分组报表时，还可以对每一组数据进行统计。查看图 4-24 所示的"学生成绩单"报表的内容和形式，可以发现本任务所要完成的报表，是在任务 2 的基础上按"课程代码"字段对记录分组，并能按不同"课程代码"对成绩统计出平均分。

任务实施

一般操作步骤如下：

（1）打开 cjd_kcdm.frx 报表

（2）以"课程代码"字段为关键字分组

1）单击"报表"菜单中的"数据分组"命令，打开"数据分组"对话框，如图 4-25 所示。

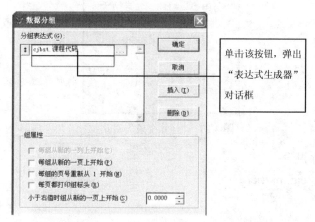

图 4-25 "数据分组"对话框

2）在"分组表达式"框内键入分组表达式或选择省略号按钮，在"表达式生成器"对话框创建表达式。

3）在"组属性"区域，选定想要的属性，然后单击"确定"按钮，返回报表设计器。报表中自动添加了"组标头"和"组注脚"带区。

4）添加表达式后，可以在带区内放置任意需要的控件。

（3）设置组注脚带区显示的表达式

1）适当改变组注脚带区的高度。

2）在组注脚带区的适当位置添加一个域控件，并设置对应的表达式为：课程代码，如图 4-26 所示。

3）在域控件右边添加一个标签控件，并输入：课程的平均成绩。

4）在标签控件右边再添加一个域控件，设置对应的表达式为：成绩。并单击"计算"按钮，在弹出的"计算字段"对话框中选择"平均值"单选按钮，如图 4-27 所示。

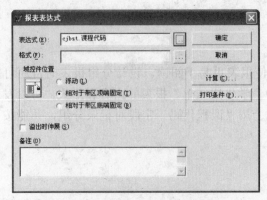

图 4-26 "报表表达式"对话框

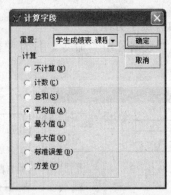

图 4-27 "计算字段"对话框

（4）预览并保存报表

将本报表保存为 cjd_pj.frx。

触类旁通

技术支持

数据分组

设计报表基本布局后，根据给定字段或其他条件对记录分组，会使报表更易于阅读。

一个报表可以设置一个或多个数据分组。若报表已进行了数据分组，则报表会自动包含
"组标头"和"组注脚"带区。一个数据分组对应一组"组标头"和"组注脚"带区。一般
组标头带区中包含组所用字段的"域控件"，可以添加线条、矩形或希望出现在组内第一条
记录之前的任何标签。组注脚通常包含组总计和其他总结性信息。

数据分组的主要依据是分组表达式。分组表达式可以是一个字段名，也可以是由字段
组成的计算表达式。在"数据分组"对话框中，允许创建或选择输入一个或多个分组表
达式。

如果数据源是表，记录的顺序可能不适合分组。建议先按分组的字段排序，然后再对报

表分组。通过为表设置索引，或者在数据环境中使用有序视图，可以把数据适当排序来分组显示记录并进行汇总、统计工作。

拓展实践

对"学生成绩表"中的数据，建立如图 4-28 所示的分组报表。

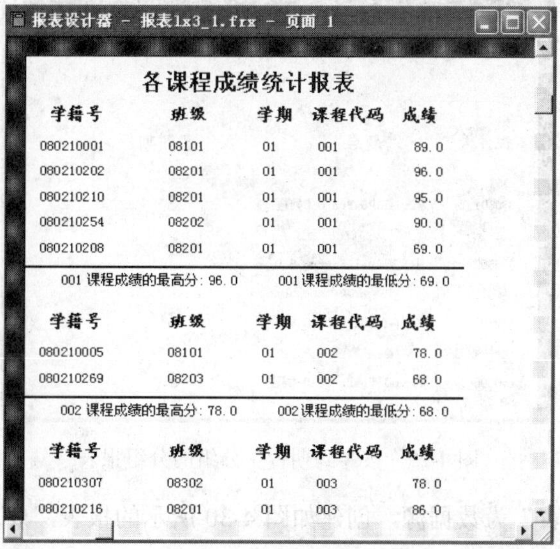

图 4-28 分组报表

项 目 小 结

报表是 Visual FoxPro 数据库对象之一，主要作用是将数据库中的表、视图、查询的数据进行组合，显示经过格式化且分组的信息。报表为在打印文档中显示并总结数据提供了灵活的途径。

报表由数据源和布局两部分组成。数据源通常是表、视图、查询或临时表，报表中的其他信息存储在报表的控件中，使用控件建立报表与数据源之间的连接。每个报表包括两个文件：报表文件 .frx 和报表备注文件 .frt。报表文件不存储每个数据字段的值，只存储一个特定报表的位置和格式信息。

根据数据在文档中显示的不同形式和统计等方面的实际需要，可用 3 种形式输出数据：以简单报表形式输出、以有序报表形式输出、以分组报表形式输出。

创建报表的方法有 3 种：第一种是利用"快速报表"创建一个简单的单表或多表报表；第二种是利用报表设计器创建新的报表或修改已有的报表；第三种是利用"报表向导"创建简单报表或多表报表。以上每种方法创建的报表文件都可以用报表设计器进行修改，"报表向导"是创建报表的最简单途径，"快速报表"是创建简单报表最迅速的途径。

实 战 强 化

1. 以"借阅表"为数据源创建如图 4-29 所示的按"到期否"分组的分组报表。

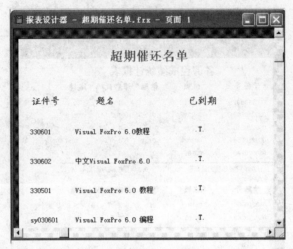

图 4-29　按"到期否"分组的分组报表

2. 以"读者信息表"为数据源，创建如图 4-30 所示的报表，要求分别以"视图"为数据源和直接以"表"为数据源创建报表。

学生借书情况一览表

证件号	姓名	出生日期	性别	违章状态	欠款状态
sy030601	赵维	1981.02.01	男	N	N
330602	王刚	1985.05.12	男	Y	Y
36060701	李四	1985.09.10	男	Y	N
36060601	李洪	1986.03.23	男	N	Y

图 4-30　以不同数据源创建报表

项目 5　系统界面设计

【职业能力目标】

1）了解 VFP 系统中系统界面设计的方法及相关理论知识。

2）能利用表单、菜单、工具栏实现系统界面的设计。

任务 1——设计表单

任务描述

要求按如图 5-1 所示界面，设计学生档案查询表单。

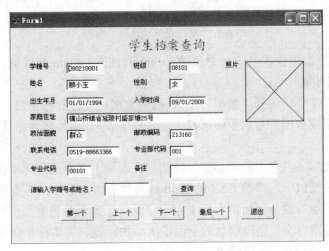

图 5-1　"学生档案查询"表单

任务分析

仔细分析查看"学生档案表"及图 5-1 所示表单的内容和布局，可以发现"学生档案查询"表单的数据源是由"学生档案表"提供的，可以利用表单设计器先创建一个空白表单，再逐步添加各种控件，最后保存文件。

在表单的上部是一个"标签"控件，用于放置表单的标题，中部是来自"学生档案表"的所有字段信息，可通过表单的数据环境来进行设置，另外还有一个标签控件，一个文本框控件，一个命令按钮，可以通过表单控件工具栏逐一添加，下部是一排命令按钮，需要先添加"命令按钮"控件，再分别添加相应的事件过程。

任务实施

（1）利用表单设计器创建表单

1）选择"文件"菜单的"新建"命令，选中"表单"单选按钮，再单击"新建文件"按钮，得到如图 5-2 所示的空白表单设计器和"表单属性"窗口及"表单控件工具栏"窗口。

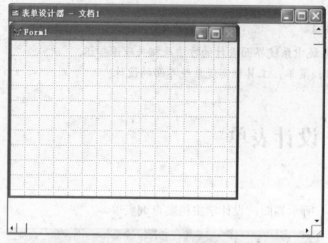

图 5-2 "空白表单设计器"窗口

2）在"属性"窗口中设置 Form1 对象的 height 属性值、width 属性值、backcolor 属性值。

（2）设置数据环境

1）从"显示"菜单中选择"数据环境"，得到数据环境设计器窗口。

2）在"添加表或视图"对话框中选择"学生档案表"，添加到数据环境中。

（3）添加控件

1）单击"控件"工具栏中的"标签"按钮，在表单上部合适位置单击。

2）在表单属性窗口中，修改 label 的 caption 属性值为"学生档案查询"。

3）从"数据环境"设计器窗口中拖曳相应字段信息到表单的中部位置。

4）在"学生档案查询"字段信息的下面依次添加标签、文本框、命令按钮这 3 种控件，并分别修改每个控件的 caption 属性值。

5）单击"控件"工具栏中的"命令按钮"控件，在表单的下部添加 5 个"命令按钮"控件，并分别修改每个命令按钮的 caption 属性值为所需显示文本。

6）在"属性"窗口中，修改相关属性值来改变表单中各控件的大小、字体、颜色等。

（4）调整表单中控件的位置

1）对齐控件：选中要对齐的控件，从"格式"菜单中，选择"对齐"命令，出现如图 5-3 所示的对齐菜单，选择合适的对齐选项；或从"显示"菜单中选择"布局工具栏"，使用"布局工具栏"中的相应按钮对齐表单中各控件。

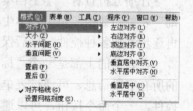

2）调整控件大小：选中控件，从"格式"菜单中，选择"大小"命令，该命令提供了 6 个选项，如图 5-4 所示，可

图 5-3 "对齐"命令的选项

按照需要选择合适的选项调整控件大小。

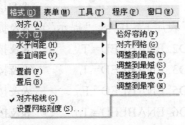

图 5-4 "大小"命令的选项

（5）添加命令按钮事件过程

1）为"第一个"按钮添加事件过程，双击"第一个"按钮，在属性窗口的"对象"框中选择"command2"，"过程"框中选择"click"，然后输入过程代码，如图 5-5 所示。

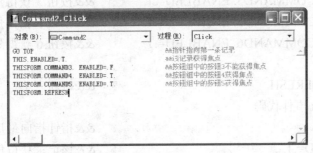

图 5-5 command2.click 事件代码输入窗口

2）按此方法，为其他命令按钮添加事件过程。

具体代码如下：

command3.click 事件代码

代码	注释
SKIP -1	&&指针指向前一条记录
THISFORM.COMMAND2. ENABLED=.T.	&&按钮 2 获得焦点
THISFORM.COMMAND4. ENABLED=.T.	&&按钮 4 获得焦点
THISFORM.COMMAND5. ENABLED=.T.	&&按钮 5 获得焦点
THISFORM.REFRESH	&&刷新表单
IF BOF ()	&&判断指针是否在表头
Messagebox（"已经到了表头！",0+48,"提示"）	&&提示信息
THIS.ENABLED=.F.	&&该记录不能获得焦点
ELSE	
THIS.ENABLED=.T.	&&该记录获得焦点
ENDIF	
THISFORM.REFRESH	&&刷新表单

command4.click 事件代码

代码	注释
SKIP	&&指针指向下一条记录
THISFORM.COMMAND2. ENABLED=.T.	&&按钮 2 获得焦点

```
    IF EOF ()                                     &&判断指针是否在表尾
       THIS.ENABLED=.F.                           &&该记录不能获得焦点
       Messagebox（"已经到了表尾!",0+48,"提示"）    &&提示信息
       THISFORM.COMMAND2. ENABLED=.T.             &&按钮 2 获得焦点
       THISFORM.COMMAND3. ENABLED=.T.             &&按钮 3 获得焦点
       THISFORM.COMMAND5. ENABLED=.F.             &&按钮 5 不能获得焦点
       THISFORM.COMMAND6. ENABLED=.T.             &&按钮 6 获得焦点
       THISFORM.REFRESH                           &&刷新表单
    ELSE
       THIS.ENABLED=.T.                           &&该记录获得焦点
       THISFORM.COMMAND2. ENABLED=.T.             &&按钮 2 获得焦点
       THISFORM.COMMAND3. ENABLED=.T.             &&按钮 3 获得焦点
       THISFORM.COMMAND5. ENABLED=.T.             &&按钮 5 获得焦点
       THISFORM.COMMAND6. ENABLED=.T.             &&按钮 6 获得焦点
    ENDIF
    THISFORM.REFRESH                              &&刷新表单
command5.click 事件代码
    go bottom                                     &&指针指向最后一条记录
    THIS.ENABLED=.T.                              &&该记录获得焦点
    THISFORM.COMMAND2. ENABLED=.T.                &&按钮 2 获得焦点
    THISFORM.COMMAND3. ENABLED=.T.                &&按钮 3 获得焦点
    THISFORM.COMMAND4. ENABLED=.F.                &&按钮 4 不能获得焦点
    THISFORM.REFRESH                              &&刷新表单
command6.click 事件代码
       THISFORM.REFRESH                           &&刷新表单
       use .\学生档案表.dbf shar
       THISFORM.RELEASE                           &&释放表单资源
为"查询"按钮添加事件代码:
if allt (thisform.text1.value) ==""
 messagebox（"请输入学生的学籍号或姓名!",64,"提示"）
 thisform.text1.setfocus
else
 loca for alltr（学籍号）==allt (thisform.text1.value) .or. alltr（姓名）==allt (thisform.text1.value)
 if eof ()
    messagebox（"该班级没有这个学生!!",64,"提示"）
    thisform.text1.value=""
    thisform.text1.setfocus
    go bott
```

```
        thisform.refresh
    else
        jilu=recno ()
        go jilu
        thisform.text1.value=""
        thisform.text1.setfocus
        thisform.refresh
    endif
    thisform.text1.setfocus
endif
```

（6）保存表单，并运行调试

单击工具栏上的"保存"按钮或选择"文件"菜单中的"保存"选项，保存表单，名为"档案查询 .scx"。

单击工具栏上的"运行"按钮，运行表单，并逐一单击表单中的命令按钮，以验证其功能。

触类旁通

技术支持

1．认识表单

表单为数据库信息的显示、输入和编辑提供了非常简便的方法。利用表单，可以让用户在熟悉的界面下查看数据或将数据输入数据库。但表单提供的远不止是一个界面，它还提供了丰富的对象集，这些对象能够响应用户（或系统）事件，这样能够使用户尽可能方便和直观地完成信息管理工作。

表单是数据库与用户进行信息交互的界面，通过表单可以进行数据的显示和维护。当表单作为输出界面时，可显示数据库中各种类型的数据。在表单中可以加入各种控件，并根据使用需要设置各种事件，使表单的使用更为方便、灵活。

2．创建简单表单的方法

（1）利用向导创建简单表单

具体步骤：

1）在"新建"对话框中选择"表单"，并单击"向导"，或在"项目管理器"中选择"表单"并单击"新建"按钮，然后再单击"表单向导"按钮，得到"向导选取"对话框，如图5-6所示。

"表单向导"：用于为单个表创建操作数据

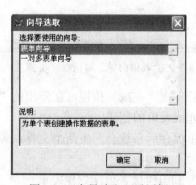

图 5-6 "向导选取"对话框

的表单。

"一对多表单向导"：用于为两个相关表创建数据输入的表单，在表单的表格中显示子表的字段。

2）选取"表单向导"，单击"确定"，得到"表单向导"对话框—步骤1，如图5-7所示。

步骤1：字段选取（选取需要添加到表单中的数据源及可用的字段），单击"下一步"得到如图5-8所示对话框，进入步骤2：选择表单样式（标准式、凹陷式、阴影式、边框式等），如图5-8所示；

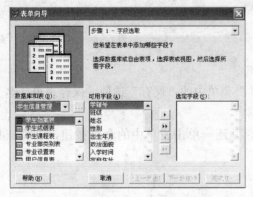

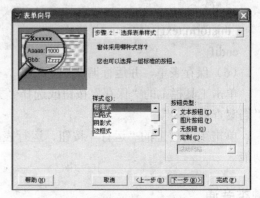

图5-7 "表单向导"对话框—步骤1　　　图5-8 "表单向导"对话框—步骤2

单击"下一步"进入步骤3：排序次序（选定排序字段及排列方式是升序还是降序），如图5-9所示；

单击"下一步"进入步骤4：完成（可输入表单的标题、选择保存的方式等），如图5-10所示；

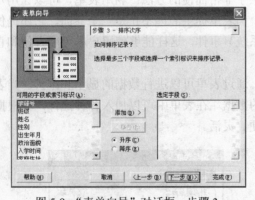

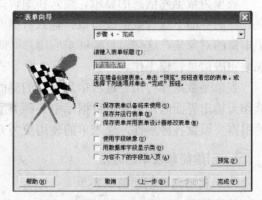

图5-9 "表单向导"对话框—步骤3　　　图5-10 "表单向导"对话框—步骤4

最后单击"完成"按钮，在弹出的"另存为"对话框中输入表单文件名，单击"保存"按钮，完成表单的创建。

表单保存后系统会产生两个文件：表单文件（扩展名为.SCX）、表单备注文件（扩展名为.SCT）。

（2）利用快速表单法创建表单

具体步骤：

1）在"新建"对话框中选择"表单"，然后单击"新建文件"，或在"项目管理器"中选择"表单"并单击"新建"按钮，再单击"新建表单"按钮，得到如图 5-11 所示"表单设计器"窗口，同时打开了"表单控件"工具栏。

2）选择"表单"菜单下的"快速表单"命令，打开"表单生成器"对话框，如图 5-12 所示。

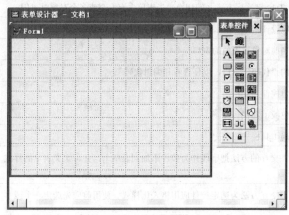
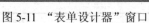

图 5-11 "表单设计器"窗口

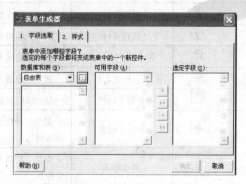

图 5-12 "表单生成器"对话框

在"字段选取"选项卡中，选择表单所需数据源（表或视图）中的字段；在"样式"选项卡中，选取所需样式（标准式、凹陷式、阴影式、边框式等），单击"确定"即完成表单的快速设计。

（3）利用表单设计器创建表单

具体步骤：

1）新建空白表单，具体方法与方法 2 中的步骤 1 相同。

2）利用"表单控件"工具栏或"数据环境"为表单添加控件。

3）利用"属性"窗口为表单控件设置相应的属性。

4）为"命令"按钮控件添加相应的事件过程。

5）保存并运行表单。

3 种创建方法的归纳：第一，利用"快速表单"可快速创建一个简单的表单或多表表单；第二，利用"表单向导"创建表单，便捷，但略显模式化；第三，利用"表单设计器"是创建或修改表单的有力工具，若要设计个性化的表单，必须借助表单设计器来完成。

3．表单的形式及表单文件

表单的形式有以下 3 种：

1）简单表单：表单中的数据来自某一个表或视图。

2）一对多表单：表单的数据来自两个表或视图，并按一对多的关系建立表间关系。

3）复杂表单：表单的数据来自多个表或视图。

表单文件有两个：扩展名为"SCX"的表单文件和扩展名为"SCT"的表单备注文件。表单文件存储表单的详细说明，并不存储每个数据字段的值，只存储一个特定表单的位置和格式信息。

4. 表单设计器工具栏、表单控件工具栏

1）表单设计器工具栏包括的按钮如表 5-1 所示。

表 5-1　表单设计器工具栏按钮

按　　钮	按钮名称	说　　明
	设置\<Tab\>键次序	在设计模式和\<Tab\>键次序方式之间切换，当表单含有一个或多个对象时可用
	数据环境	显示"数据环境设计器"
	属性窗口	显示一个反映当前对象设置值的窗口
	代码窗口	显示当前对象的"代码"窗口，以便查看和编辑代码
	表单控件工具栏	显示或隐藏表单控件工具栏
	调色板工具栏	显示或隐藏调色板工具栏
	布局工具栏	显示或隐藏布局工具栏
	表单生成器	提供一种简单、交互的方法把字段作为控件添加到表单上，并可定义表单的样式和布局
	自动格式	提供一种简单、交互方法为选定控件应用格式化样式。使用前应先选定一个或多个控件

2）表单控件工具栏包括的按钮如表 5-2 所示。

表 5-2　表单控件工具栏按钮

按　　钮	按钮名称	说　　明
	选定对象	移动和改变控件的大小，创建一个控件后，"选定对象"按钮被自动选定，除非按下了"按钮锁定"按钮
	查看类	选择显示一个已注册的类库
	标签	创建一个标签控件，用于保存不希望改动的文本
	文本框	创建一个文本框控件，用于保存单行文本（非备注型字段），用户可以在其中输入或更改文本
	编辑框	创建一个编辑框控件，用于保存多行文本（长字段或备注字段），用户可以在其中输入或更改文本
	命令按钮	创建一个命令按钮控件，用于启动一个事件
	命令按钮组	创建一个命令按钮组控件，用于把相关的命令编成组
	选项按钮组	创建一个选项按钮组控件，用于显示多个选项，用户只能从中选择一项
	复选框	创建一个复选框控件，允许用户选择开关状态
	组合框	创建一个组合框控件，用于创建一个下拉式组合框或下拉式列表框，用户可以从中选择一项或人工输入一个值
	列表框	创建一个列表框控件，用于显示供用户选择的列表项。当列表项很多不能同时显示时，列表可以滚动
	微调控件	创建一个微调控件，用于接受给定范围之内的数值输入
	表格	创建一个表格控件，用于在电子表格样式的表格中显示数据
	图像	在表单上显示图像
	计时器	创建计时器控件，用于在指定时间或按照设定间隔运行进程。该控件在运行时不可见

（续）

按　　钮	按 钮 名 称	说　　　　明
	页框	显示控件的多个页面。每次只能有一个活动页面
OLE	ActiveX 控件	向应用程序中添加 OLE 对象
OLE	ActiveX 绑定控件	与 OLE 容器控件一样，可用于向应用程序中添加 OLE 对象。ActiveX 绑定控件绑定在一个通用字段上
\	线条	设计时用于在表单上画各种类型的线条
⬠	形状	设计时用于在表单上画各种类型的形状。可以画矩形、圆角矩形、正方形、椭圆或圆
]C	分隔符	在工具栏的控件间加上空格
	超级链接	创建一个超级链接对象
	生成器锁定	为任何添加到表单上的控件打开一个生成器
	按钮锁定	使添加同种类型的多个控件，不需多次按此控件的按钮

5. 表单的数据环境

表单中的数据环境是一个容器，用于设置表单中使用的表和视图以及表单所要求的表之间的关系。这些表和视图及表之间的关系都是数据环境容器中的对象，可以分别设置它们的属性。在执行表单时，数据环境中的表和视图被自动打开，表之间的关系被自动建立。当表单被释放时，数据环境中设置的表和视图被自动关闭。

1）数据环境的打开：右击表单空白处，选"数据环境"命令。

2）向数据环境中添加表或视图：在数据环境设计器中右击，选"添加"命令。

3）在数据环境中移去表或视图：在数据环境设计器中单击选中要移去的表或视图，按右键，选"移去"。

4）在数据环境中设置关系（创建多表表单时用到）：如果加入数据环境的表具有在数据库中设置的关系，则这些关系自动带入数据环境中；如果表之间没有关系，则可在数据环境中进行设置表之间的临时关系。若要在数据环境中设置临时关系，可从主表中拖动字段到相关表中相匹配的索引标识；在数据环境中设置了一个临时关系后，会在表之间出现一条连线来指示这个关系。

6. 表单属性

在 Visual FoxPro 6.0 中，添加到表单中的所有控件统称为对象。如标签、表单等。对象都有自己的属性、事件、方法。

属性是对具体的对象的外观、形状的说明和描述。对象的属性——对象的特性。对象的属性值——描述对象特性的具体数据。

事件是对象可以识别和响应的操作。如单击鼠标、移动鼠标等操作。（可由用户的操作产生，也可由程序或系统产生）。

方法是事件发生时对象执行的操作。通常为一段程序。

如果选择了某个对象，然后单击表单设计器工具栏中的"属性窗口"按钮，就会弹出如图 5-13 所示的"属性"窗口。

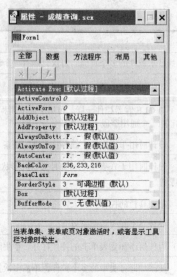

图 5-13 "属性"窗口

在"属性窗口"中设置属性的一般步骤：

1）选择对象。（在窗口的标题栏下面为对象列表选择框）

2）选择选项卡。（如图 5-13 所示，包括全部、数据、方法程序、布局、其他）

3）选择属性。（窗口左侧为属性列表）

4）设置属性值。（窗口右侧为属性设置框）

常用表单属性如表 5-3 所示。

表 5-3　常用表单属性

属　性	作　用
AutoCenter	控制表单打开时自动在主窗口中居中
BackColor	设置对象背景颜色，默认值：255、255、255
BorderStyle	决定表单边框样式：0-无边框，1-单线边框，2-固定对话框，3-可调边框
Caption	指定标题栏显示的文本
Closeable	控制能否用窗口的关闭按钮来关闭表单
FontBold	指定文本是否为粗体
FontItalic	指定文本是否为斜体
FontName	指定文本的字体
FontSize	指定文本的大小
FontColor	指定用于对象文本和图形的颜色
Height	确定表单的高度
Name	指定表单和其他对象名称，在程序设计中可以通过引用此属性值来引用该对象
Visible	指定对象在运行时是可见的还是隐藏的，默认可见
Width	确定表单的宽度
Windowtype	控制表单是无模式还是模式表单，0-无模式，用户不必关闭表单就可访问其他界面；1-模式，用户必须关闭当前表单方可访问其他界面

7. 表单事件

常用事件如表 5-4 所示，这些事件适用于大多数控件。

表 5-4 常用事件列表

事　件	事件被激发后的动作
Activate	当一个对象变成活动对象时发生
Click	在鼠标单击对象时发生
Dbclick	在鼠标双击对象时发生
Destroy	当释放对象时发生
Error	当方法中有一个运行错误时发生
GotFocus	对象接收焦点，由用户动作引起，或在代码中使用 GotFocus 方法程序
LostFocus	对象失去焦点，由用户动作引起，或在代码中使用 LostFocus 方法程序
Init	创建对象时发生
Load	在创建一个对象前发生，事件发生在 Init 事件之前
Unload	释放表单时触发，该事件发生在 Destroy 事件之后
KeyPress	用户按下或释放键
MouseDowm	当鼠标指针停在一个对象上时，用户按下鼠标按钮
MouseMove	用户在对象上移动鼠标
MouseUp	当鼠标指针停在一个对象上时，用户释放鼠标按钮

8. 表单的方法

表单常用的方法如表 5-5 所示。

表 5-5 表单常用的方法

方　法	功　能
Addobject	在运行时给容器对象增加一个对象
Cls	清除一个表单中的图形和文本
Draw	重新绘制表单对象
Hide	设置 visible 属性为 ".F." 来隐藏表单（集），使表单（集）不可见，但未从内存中清除
Move	移动一个对象
Refresh	重新绘制表单或控件，并更新所有的值
Release	从内存中释放表单或表单集
Print	在表单对象上显示一个字符串
Show	设置 visible 属性为 ".T." 来显示表单（集），使表单（集）为活动对象参数：1—模式；2—无模式（默认）

9. 编辑事件代码和事件的响应

事件是用户的行为，如单击鼠标或鼠标的移动，也可以是系统行为，如系统时钟的进程。当触发事件时，可以指定要执行的代码。

编辑事件代码可用以下几种方法。

　　方法一：可从某对象的属性窗口中的"方法程序"选项卡中双击某事件。

　　如选中标题为"第一个"的命令按钮，在如图 5-14 所示的"方法程序"中双击"Click Event"事件，即可打开如图 5-15 所示的"编辑事件代码"窗口。

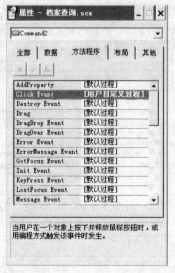

图 5-14　档案查询 .scx 的属性窗口

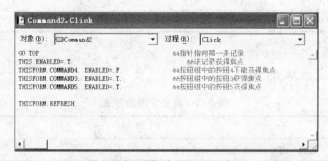

图 5-15　"编辑事件代码"窗口

　　方法二：在表单上选中某对象，然后单击鼠标右键，选"代码"，或双击某对象，即可打开"编辑事件代码"窗口，在该窗口的对象框中列出了本表单所有的对象，如图 5-16 所示，在过程框中列出了该对象的事件过程，如图 5-17 所示。

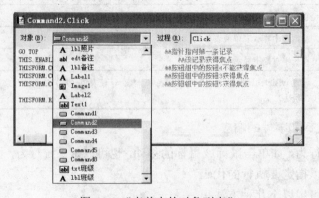

图 5-16　"表单中的对象列表"

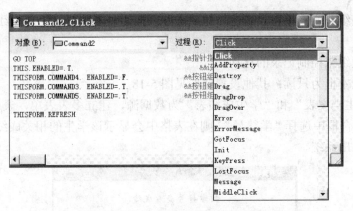

图 5-17 "某对象的事件过程列表"

然后在编辑窗口中输入代码后保存。在触发事件时，将执行这些代码。

10. 表单的运行和关闭

运行表单有以下两种方式。

1）交互地运行表单：这种方式是通过图形界面直接运行表单，有以下两种方法。

方法一：在表单设计器中执行表单，单击鼠标右键，在快捷菜单中选择"执行表单"，或在"表单"菜单中选择"执行表单"命令，或单击工具栏上的"运行"按钮。

方法二：在项目管理器中执行表单，在项目管理器中选中表单名，单击右侧的"运行"按钮。

2）从程序中运行表单：实际应用中，表单一般通过程序代码调用执行，调用命令如下：do form 表单文件名。

关闭表单的方法：使用 release 命令来关闭活动的表单，或者设置表单的 closeable 属性为"真"（".T."）后，通过单击"关闭"按钮来关闭活动的表单。例如，thisform.release 用于关闭当前表单。

拓展实践

1. 以"学生档案表"为数据源，创建如图 5-18 所示的表单，要求：

图 5-18 "档案表单"表单

用选项按钮组改变表单背景颜色,即单击红色按钮,表单背景色变为红色,单击蓝色按钮则变为蓝色。

用命令按钮组来控制记录的移动。

表单中的文本框为只读;其他设置请参见图5-18。

2. 以"学生档案表"和"学生成绩表"为数据源,建立多表表单,表单形式如图 5-19所示,要求在组合框中选择"学籍号",则在表格中会显示该学生的相关成绩信息,单击"退出"按钮,则退出系统。

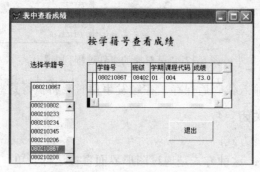

图5-19 "表中查看成绩"表单

3. 创建如图5-20所示的"复选框控件实习"表单,当选中第一个复选框时,图形为一个圆形,否则为一个正方形,同时该复选框的名称也变为"正方形";当选中第二个复选框时,图形为红色,否则为黄色,同时该复选框的名称也变为"黄色"。

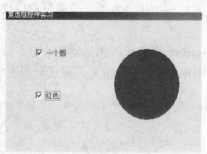

图5-20 "复选框控件实习"表单

提示:可通过设置形状控件的"curvature"属性来指定形状控件的角的曲率,当"curvature"的值为99时,是一个圆,当"curvature"的值为0时,是一个正方形;通过设置形状控件的"backcolor"属性来指定对象内文本和图形的背景色。

任务2——设计菜单、快捷菜单

任务描述

要求按如图5-21所示界面,设计学生信息管理系统的主菜单。

图 5-21 设置学生信息管理系统主菜单

任务分析

"学生信息管理系统"主菜单主要由"档案管理"、"成绩管理"、"系统维护"3 个菜单组成，其具体菜单布局如表 5-6 所示。

表 5-6 菜单布局

文 件	编 辑	档案管理	成绩管理	系统维护	帮 助
新建	撤销				
打开	重做				
关闭	剪切	档案录入	成绩录入	用户管理	
保存	复制	档案查询	成绩查询	密码修改	
另存为	粘贴	档案修改	成绩修改	退出系统	
页面设置	清除	档案输出	成绩输出		
打印预览	全部选定				
退出	属性				

在"学籍管理"主菜单下的"档案输出"子菜单中还有下级菜单"按学籍号输出"、"按性别输出"、"按班级分组输出"，可逐级一一设置。

任务实施

利用菜单设计器创建菜单

1）选择"文件"菜单的"新建"命令，选中"菜单"单选按钮，再单击"新建文件"按钮，得到如图 5-22 所示的"新建菜单"对话框。

图 5-22 "新建菜单"对话框

2）单击"菜单"按钮，得到如图 5-23 所示的"菜单设计器"窗口。

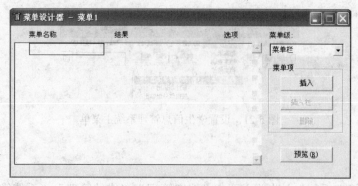

图 5-23　"菜单设计器"窗口 1

3）在如图 5-23 所示的"菜单名称"中输入"文件（\<F）"，在第 2 行输入"编辑（\<E）"，在第 3 行输入"档案管理（\<X）"，在第 4 行输入"成绩管理（\<C）"，在第 5 行输入"系统维护（\<M）"，在第 6 行输入"帮助（\<H）"；在每一行的"结果"下拉列表中选择"子菜单"，结果如图 5-24 所示。

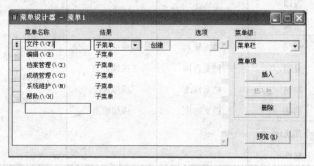

图 5-24　"菜单设计器"窗口 2

4）单击第 1 行"结果"列右边的"创建"按钮，再单击右边的"插入栏"按钮，在弹出的"插入系统菜单栏"对话框中选择所需的菜单项，并调整它们的位置。

图 5-25　"插入系统菜单栏"对话框

5）使用分隔线将菜单中内容相关的菜单项分隔成组，具体方法：在适当位置"插入"一个新的菜单项，在该菜单项的"菜单名称"栏中输入"\-"即可。具体结果如图 5-26 所示。

图 5-26 "文件"菜单中的菜单项

6）"编辑"菜单的制作方法同"文件"菜单。

7）在如图 5-26 所示的"菜单级"下拉框中选择"菜单栏"回到如图 5-24 所示的"菜单设计器"窗口，单击"档案管理"所在行"结果"列右边的"创建"按钮，得到如图 5-27 所示的"档案管理"子菜单设计器。

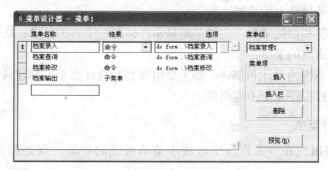

图 5-27 "档案管理"子菜单设计器

8）在图 5-27 中选择"档案输出"菜单项，在"结果"列中选择"子菜单"，单击"创建"按钮，进入如图 5-28 所示的"档案输出"下级子菜单的设计界面。

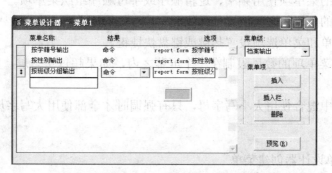

图 5-28 "档案输出"下级子菜单的设计界面

9）依照上述方法，完成剩余菜单的设计。

10）保存菜单，名为"mainmenu.mnx"。

11）单击"菜单"菜单中的"生成"命令，得到如图 5-29 所示的"生成菜单"对话框。

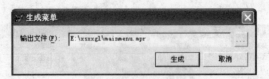

图 5-29 "生成菜单"对话框

触类旁通

 技术支持

1．认识菜单

用户在查找信息之前，首先看到的便是菜单，如果把菜单设计得很好，那么只要根据菜单的组织形式和内容，用户就可以很好地理解应用程序。

菜单是应用程序的一个重要组成部分，菜单即是一系列选项，每个菜单项对应一个命令或程序，能够实现某种特定的功能。

菜单包括主菜单和快捷菜单，主菜单是显示在标题栏下方的菜单；快捷菜单是用鼠标右键单击某个对象而出现的菜单。

任何一个菜单系统的设计和创建，都主要由规划和设计菜单、创建具体的菜单、生成菜单程序、测试并运行程序 4 个步骤组成。

2．规划和设计菜单

应用程序的实用性在一定程度上取决于菜单系统的质量，规划和设计菜单应考虑以下几点。

1）根据用户任务组织菜单系统。

2）给每个菜单和菜单选项设置一个意义明了的标题。

3）按照估计的菜单项使用频率、逻辑顺序或字母顺序组织菜单项。

4）在菜单项的逻辑组之间放置分隔线。

5）给每个菜单和菜单选项设置热键或键盘快捷键。

6）将菜单上菜单项的数目限制在一个屏幕之内，如果超过了一屏，则应为其中一些菜单项创建子菜单。

7）在菜单项中混合使用大小写字母，只有强调时才全部使用大写字母。

3．创建菜单

（1）使用菜单设计器创建菜单

菜单设计器是创建和修改菜单的有用工具。它可以创建下拉式菜单、快捷菜单、菜单项、子菜单和菜单项组之间的分隔线等。

1）打开菜单设计器。

使用"文件"菜单下的"新建"命令或常用工具栏上的"新建"按钮，或在项目管理器中选择"全部"或"其他"选项卡，在"文件"类型中选择"菜单"，单击项目管理器中的

"新建"按钮，在弹出的"新建菜单"对话框中，选择"菜单"命令，如图 5-30 所示。

图 5-30 "新建菜单"对话框

2）认识菜单设计器。

菜单设计器界面如图 5-31 所示。

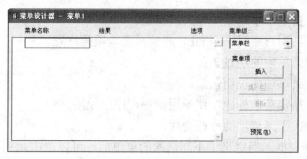

图 5-31 "菜单设计器"窗口

菜单设计器可分为 4 个部分，左侧是"菜单名称"列表框，用于输入要定义的各个菜单项的名称；右上角为"菜单级"列表框，用于切换菜单的层次；右侧的中部是 3 个命令按钮："插入"，"插入栏"和"删除"；右下角是"预览"按钮，单击按钮可预览设计的菜单的效果。

①"菜单名称"列表框：这个列表框包含 4 列，"菜单名称"列表框、"结果"列表框、"创建"按钮、"选项"按钮。

● "菜单名称"文本框：在此输入菜单的提示字符串。

● "结果"列表框：在此选择菜单项具有何种功能，它有以下 4 个选项。

子菜单：为当前菜单项设计子菜单，选中后，右侧将出现"创建"按钮，单击，可进入新的菜单设计器来设计子菜单。

命令：为当前菜单项设计一个动作或调用其他程序，并在右侧出现的文本框中输入要执行的命令。

填充名称或菜单项#：为当前菜单项命名一个名称，便于在程序中引用它，选中后，在右侧出现的文本卡中输入一个名字。

过程：为当前菜单项设置包含一系列动作的过程操作，选中后，单击"创建"按钮，则会弹出编辑窗口，以输入过程代码。

● "选项"按钮：选中后，会出现"提示选项"对话框，如图 5-32 所示，用于设置用户定义的菜单系统中各菜单项的属性，它有 6 个选项。

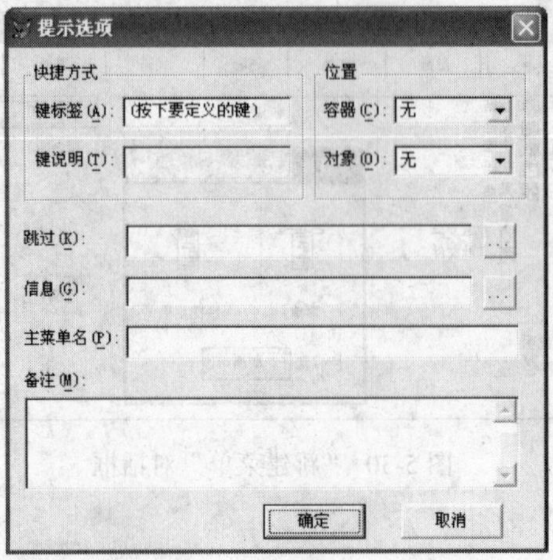

图 5-32 "提示选项"对话框

快捷方式：用于指定菜单或菜单项的快捷键。

位置：用于指定当用户编辑一个 OLE 对象时菜单项的位置。

跳过：用于设置菜单项的跳过条件。

信息：用于设置菜单项的说明信息。

主菜单名：用于指定菜单标题，便于用户在程序中使用。

备注：用于输入关于菜单项的一些说明。

② "菜单级"列表框：当定义了不同层次的菜单后，可以单击此列表框，在子菜单和上级菜单之间切换。

③ 右侧 3 个命令按钮的作用如下。

● "插入"按钮：用于在当前选中的菜单项前添加一个新的菜单项。

● "插入栏"：在子菜单的当前菜单项前插入一个系统菜单项。系统菜单项列在"插入系统菜单栏"对话框中，如图 5-25 所示。

● "删除"按钮：用于删除当前选中的菜单项。

"预览"按钮：单击该按钮可暂时屏蔽当前使用的系统菜单，然后将用户自定义的菜单显示在系统菜单条的位置，同时在屏幕中显示"预览"对话框，每当用户选择了一个菜单项后，在"预览"对话框中都会显示出当前正在预览的菜单的菜单名，提示及命令等信息。

3）设置菜单项的分界线。在菜单项中通常会把不同的功能进行分组，只要在"菜单名称"中输入"\-"，则在菜单中该菜单项的位置处出现一条分界线。

4）为菜单系统指定任务。每个菜单项都会执行一项任务，如弹出某个表单、打开报表或执行某段程序等，菜单项主要有如下任务。

● 直接使用命令：如"quit"命令。

● 调用表单：do form <表单名>。

● 调用报表：report form <报表文件名>。

- 调用查询：do <查询文件名>。
- 执行过程：do <过程名>。

（2）使用"快捷菜单设计器"创建快捷菜单

1）在如图 5-30 所示的"新建菜单"对话框中，选择"快捷菜单"命令。

2）弹出的"快捷菜单设计器"使用方法与"菜单设计器"的使用方法相同。

3）创建并生成快捷菜单后，可将其附加到对象中，这样，当用户右击对象时，即会显示快捷菜单。

4）将快捷菜单附加到对象中的步骤。

第一步：选择要附加快捷菜单的对象（例如，表单或表单上的某个控件，如命令按钮）。

第二步：在"属性"窗口中选择"全部"或"方法程序"选项卡，再选择"rightclick event"项（即右击事件）。

第三步：双击"rightclick event"项，在弹出的代码窗口中输入"do right.mpr"命令（假设刚才设计并生成一个名为 right.mpr 的快捷菜单）。

第四步：运行时，右击此对象，即会弹出快捷菜单。

4．生成菜单程序

保存菜单后，系统产生两个文件：菜单定义文件，扩展名为 .MNX；菜单备注文件，扩展名为 .MNT。单击菜单设计器中的"预览"按钮，即可预览设计好的菜单；而这些文件是不能运行的，要运行菜单系统，必须生成菜单程序文件，具体步骤如下。

1）使菜单设计器窗口处于打开状态。

2）单击"菜单"中的"生成"命令。

系统自动生成同名的菜单程序文件，扩展名为 .MPR。

5．运行菜单

生成菜单程序后，就可以运行并测试菜单系统，具体方法如下。

方法一：从"程序"菜单中选择"执行"命令。

方法二：在命令窗口中输入 DO 菜单文件名 .MPR。

运行菜单程序文件后，系统又产生一个同名的编译后的程序文件，扩展名为 .MPX。执行菜单后，新的菜单将替换系统菜单。

6．使用"快速菜单"法创建菜单

若要从已有的菜单系统开始创建菜单，可以使用"快速菜单"功能。具体步骤如下。

1）新建菜单，打开菜单设计器。

2）从"菜单"菜单中选择"快速菜单"。

3）定制菜单：逐一为系统菜单命名，选择各菜单项的功能、编辑。

4）创建菜单项，并为菜单系统指定任务。

5）预览菜单，后保存菜单（*.mnx *.mnt）。

6）生成菜单程序（*.mpr）：选择"菜单"菜单中的"生成"。

7）运行菜单。

7. 创建帮助菜单

帮助文件对应用程序的用户来说是很有价值的信息来源，在 Visual FoxPro 中，可创建 DBF 样式、图形样式两种帮助文件。

（1）创建 DBF 样式帮助文件

DBF 样式帮助文件基于字符模式，创建好后，是以自由表的形式存储，因此可很容易地移植到其他 Visual FoxPro 平台上。

1）DBF 帮助文件结构。

DBF 帮助文件结构通常包含 3 个字段，如图 5-33 所示。

contexid 字段：数值型，用于上下文相关帮助的标识。

topic 字段：字符型，显示帮助主题名称。

details 字段：备注型，帮助文件的详细注释。

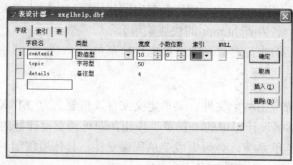

图 5-33 "表设计器"窗口

2）创建 DBF 帮助文件。

按照帮助文件的结构要求，建立一个自由表，在表中逐条输入字段的内容。进入备注字段编辑输入窗口，输入相应的信息即可。

3）在 DBF 样式帮助文件中创建交叉引用。

为了方便用户跳转查询帮助信息，在大多数帮助主题"细节"信息的末尾，都会给出相关主题的链接，该链接一般都显示在"请参阅"框中，这种方式称交叉引用，具体步骤如下：

● 在"details"备注字段的末尾键入"请参阅："和若干空格，然后输入要链接的主题。

● 如要链接多个主题，则在同一行中用逗号分隔。

● 按回车键，结束列表。

4）测试 DBF 样式帮助文件。

● 将帮助文件所在目录设为当前目录。

● 命令窗口：set help to ***.dbf

　　　　　　　　help

在当前窗口中显示已建立的DBF样式文件。

5）查看 DBF 样式帮助文件。

DBF 样式帮助窗口有两种模式：主题、细节；"主题"模式，显示帮助文件中所有主题的列表；双击一个主题时，或单击"帮助"按钮，该主题的内容用"细节"模式显示。

（2）创建图形样式帮助文件

图形方式帮助中可包含图形和经过格式编排的文本，可以是 Windows 标准"帮助"文件，也可以是 Web 格式的"HTML 帮助"文件。

Windows 标准"帮助"文件可通过 WinHelp 4.0 软件来创建；"HTML 帮助"文件可由 Microsoft HTML Help Workshop 创建。

在 Visual FoxPro 中，DBF 样式帮助文件是基于字符模式的，创建过程较为简单，且移植性强。而图形样式的帮助文件是基于 Windows 窗口标准的，使用起来较为直观，又可保证与其他 Windows 应用程序的一致性。

拓展实践

1. 用"快速菜单"法创建一个名为"快速菜单 lx.mnx"的菜单，任意修改系统菜单，保留一些使用频率较高的子菜单及相关命令，并生成菜单程序，观察菜单运行后的结果。具体菜单布局如表 5-7 所示。

表 5-7 菜单布局

文 件	编 辑	显 示	程 序	窗 口
新建	剪切		运行	
打开	复制		取消	
关闭	粘贴		继续执行	
全部关闭	清除		挂起	命令窗口
保存	全部选定	工具栏		数据工作期
另存为	查找			
页面设置			编译	
打印预预览	属性			
退出				

2. 创建如图 5-34 所示的快捷菜单，名为"快捷菜单 lx.mnx"，并生成菜单程序，然后将该快捷菜单附加到控件中。

提示：如选中某表单中的某文本框，设置其 right-click 过程的代码为：do 快捷菜单 lx.mpr。

图 5-34 快捷菜单

3. 创建一个如图 5-35～图 5-39 所示的 DBF 样式帮助文件，名为"helplx.dbf"，并进行测试。

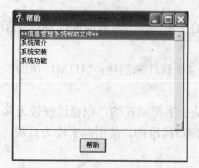

图 5-35　帮助主界面

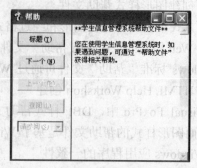

图 5-36　帮助介绍

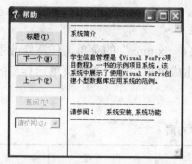

图 5-37　系统简介界面

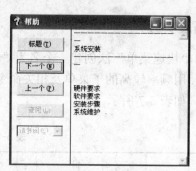

图 5-38　系统安装界面

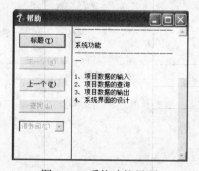

图 5-39　系统功能界面

任务 3——使用工具栏

任务描述

要求创建一个如图 5-40 所示的"自己的工具栏"。

图 5-40　"自己的工具栏"窗口

任务分析

"自己的工具栏"中包含了 Visual FoxPro 中的"常用"、"编辑"、"表单控件"、"调色板"等若干个工具栏中的部分按钮,像这样,将用户经常要重复执行的任务,添加到自己定义的工具栏中,可以简化操作,加速任务的执行。

任务实施

(1)打开"工具栏"对话框

在"显示"菜单中选择"工具栏",打开如图 5-41 所示的"工具栏"对话框。

图 5-41 "工具栏"对话框

(2)定制自己的工具栏

1)单击"新建"按钮,得到"新工具栏"对话框,输入工具栏的名字:"自己的工具栏",单击"确定"按钮,即可进入"定制工具栏"对话框,如图 5-42 所示。

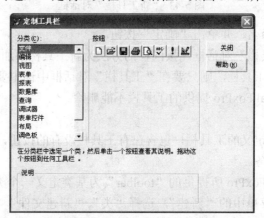

图 5-42 "定制工具栏"对话框

2)从"分类"列表框中选择按钮所属的类别,在右边的相应按钮栏中选择所需的按钮,拖动到所要定制的工具栏中;如"文件"菜单中的按钮、按钮,"编辑"菜单中的按钮:、;如果要去掉已拖动到自己的工具栏中的按钮,则只要直接将该按钮拖出自己的工具栏即可。

3)单击"关闭"按钮,完成工具栏的定制。

4)在如图 5-41 所示对话框中,选中刚定制的工具栏,单击"确定",即可打开"自己的工具栏"。

 技术支持

精心规划工具栏可以帮助用户快速完成一些日常任务，在 Visual FoxPro 中，用户可以定制工具栏，也可以定制自己的工具栏，或自定义工具栏。

（1）定制工具栏

1）打开"工具栏"对话框，单击"定制"按钮。

2）从"定制的工具栏"的分类列表中选择按钮所属的类别，如"调色板"类，在其右边的"按钮"栏中选择所需按钮，拖动到所要定制的工具栏中。

3）单击"关闭"按钮，关闭工具栏窗口，完成工具栏的定制。

（2）定制自己的工具栏

1）打开"工具栏"对话框，单击"新建"按钮，打开"新工具栏"对话框，如图 5-43 所示。

图 5-43 "新工具栏"对话框

2）为"工具栏"命名，并单击"确定"按钮。

3）返回"定制工具栏"对话框，按同样的方法为新工具栏添加按钮即可。

若要删除新创建的工具栏，则只要在"工具栏"对话框中选中要删除的工具栏名，单击"删除"按钮，但 Visual FoxPro 提供的工具栏不能删除。

（3）自定义工具栏

如要创建一个自己定义的工具栏，包含已有工具栏没有的按钮，则可通过定义一个自定义工具栏类来完成此任务。

第一步：以 Visual FoxPro 所提供的"toolbar"为基类定义一个类。

1）单击"文件"菜单中的"新建"，选择"类"、"新建文件"，若在"项目管理器"中选"类"选择卡，单击"新建"，得到如图 5-44 所示的"新建类"对话框。

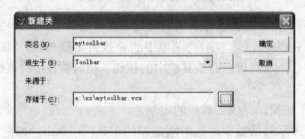

图 5-44 "新建类"对话框

2）给出自定义工具栏类名：mytoolbar，在"派生于"下拉框中选择"toolbar"，在"存储于"文本框中输入或选择存储文件的位置及类库名，单击"确定"按钮，得到如图 5-45 所示的"类设计器"窗口。

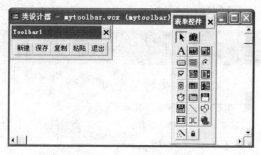

图 5-45 "类设计器"窗口

第二步：向工具栏类添加对象，并为各对象定义属性、事件和方法程序。

1）在"表单控件"工具栏中，单击需添加的对象，一般为"命令按钮"，将鼠标指针在"Toolbar1"窗口中单击，将该"按钮"放入到自定义的工具栏类中。

2）在属性窗口中为每个按钮选择 Picture 和 ToolTipText 等属性，并进行设置。

3）双击各按钮，在代码窗口为各按钮的 Click 事件添加实现各项功能所需的代码。

4）关闭窗口，并保存。

第三步：在 Visual FoxPro 中注册该类。

1）单击"工具"菜单中的"选项"命令，打开"选项"对话框，并单击"控件"选项卡，如图 5-46 所示。

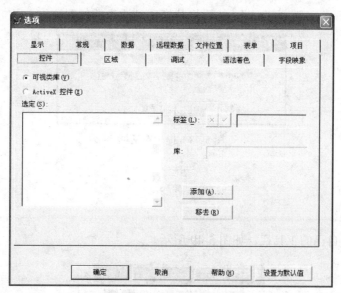

图 5-46 "选项"对话框

2）选中"可视类库"，单击"添加"，在出现的"打开"对话框中选择刚创建的可视类库名，单击"打开"按钮，回到"控件"选项卡界面，单击"确定"，完成类的注册。

第四步：利用表单设计器将自己定义的工具栏添加到表单集中。

1）打开要添加自定义工具栏的表单，如"档案查询.scx"，出现"表单设计器"窗口，在"表单控件"工具栏中单击"查看类"，在列表中单击"添加"，在列表中选择刚建的可视类库，单击"打开"按钮，得到如图 5-47 所示的窗口。

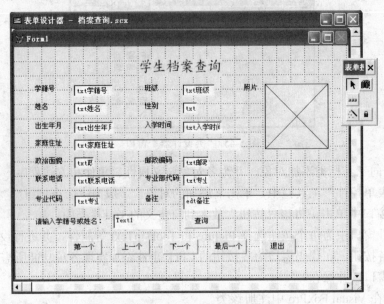

图 5-47　"表单设计器"窗口

2）从"表单控制"工具栏中选择工具栏类按钮 ▥▥，在表单上单击添加此工具栏，出现如图 5-48 所示对话框，选择"是"，然后将其拖动到适当的位置。

图 5-48　提示对话框

拓展实践

1. 定制一个自己的工具栏，如图 5-49 所示。

图 5-49　工具栏

2. 创建一个自定义工具栏"我的工具栏"，其中含有首记录、上一记录、退出等按钮，并将它与表单"档案查询 .scx"绑定。

项 目 小 结

人性化的界面设计可以指导用户如何使用应用程序；Visual FoxPro 中的表单、菜单、工具栏为设计美观的界面提供了方便。

表单为用户提供了一个交互式访问数据库的图形化界面，是数据库和用户之间的一个接口；当表单作为输入界面时，可以接受用户的输入，并对输入的数据的有效性进行检查，接受符合条件的数据；当作为输出界面时，可显示数据库中各种类型的数据。

创建表单的方法有 3 种：利用表单向导、利用快速表单法、利用表单设计器。

表单中的所有信息都包含在控件中，控件是表单用于显示数据、执行操作或装饰表单的对象。控件有与表中数据绑定的控件和不与数据绑定的控件两类。每个控件都有各自的属性、事件、方法；属性是对具体对象的外观、形状的说明和描述。事件是对象可以识别和响应的操作。方法是事件发生时对象执行的操作，通常为一段程序。对表单控件的设置，较直观的做法是：在设计表单时，在"属性"窗口进行设置；也可在程序中进行设置。

菜单是应用程序的基本功能，是改善用户界面的主要手段。菜单是一系列选项，每个菜单项对应一个命令或程序，能够实现某种特定的功能。

菜单包括主菜单、快捷菜单、帮助菜单。主菜单是显示在标题栏下方的菜单；快捷菜单是用鼠标右键点击某个对象而出现的菜单；帮助菜单能给用户提供快捷有效的帮助信息。

菜单系统的设计、创建，主要由规划和设计菜单、创建具体菜单、生成菜单程序及测试、运行程序 4 步组成。使用"菜单设计器"可创建并修改菜单；使用"快捷菜单"可创建"快捷菜单"；使用"快速菜单"可从已有的 VFP 菜单系统中快速创建菜单。

在 Visual FoxPro 中，可创建两种样式的帮助菜单：DBF 样式的帮助菜单是基于字符模式，可灵活地转移到其他平台上，创建过程较为简单，是以自由表的形式存储其表结构，通常包含 contexid、topic、details 3 个字段，用户可自主创建新的 DBF 样式帮助文件，也可复制其他系统的 DBF 文件，稍作修改后使用。

图形样式的帮助文件是基于 Windows 窗口标准的，使用起来较为直观，又可保证与其他 Windows 应用程序的一致性，需要使用一些软件来创建。

如果应用程序中包含一些用户经常重复执行的任务，那么可添加相应的自定义工具栏，以简化操作。在 Visual FoxPro 中，用户可以定制工具栏，也可以定制自己的工具栏，或自定义工具栏。

如要创建一个自己定义的工具栏，包含已有工具栏没有的按钮，则可通过定义一个自定义工具栏类来完成此任务。其具体步骤是：首先，以 Visual FoxPro 所提供的"toolbar"为基类定义一个类；然后，向工具栏类添加对象，并为各对象定义属性、事件和方法程序；接着，在 Visual FoxPro 中注册该类；最后，利用表单设计器将自己定义的工具栏添加到表单集中或其他对象中。

实 战 强 化

1. 为图书管理系统创建表单

1）以"人员配置"表为数据源，创建如图 5-50 所示"登录"表单。各控件在表单中的位置、大小等属性如图 5-50 所示，其中密码文本框的 passwordchar 属性为"*"。

图 5-50 "登录"表单

2）以"人员配置"表为数据源，创建如图 5-51 所示的图书管理系统的"密码修改"表单。各控件在表单中的位置、大小等属性如图所示，其中旧密码与新密码文本框的 passwordchar 属性为"*"。

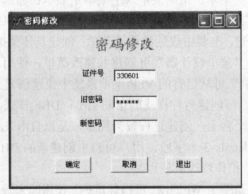

图 5-51 "密码修改"表单

3）以"图书表"和"馆藏信息表"为数据源，创建如图 5-52 所示的"书目查询结果"表单。该表单显示按题名查询出的图书的基本情况信息，查询后的结果只可以查看不可以修改，所以各个文本框控件的 enabled 属性设置为 false。

4）以"借阅表"为数据源，创建如图 5-53 所示的"书刊借阅"表单。该表单显示出读者的书刊借阅情况记录。单击续借按钮可以续借图书。

5）以"预约表"为数据源，利用"表单向导"创建如图 5-54 所示的"预约到书"表单。该表单的作用是查看读者预约到书的信息，可以浏览或者查找预约到书信息。

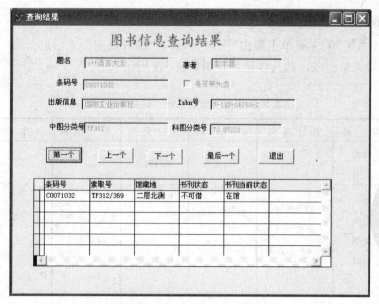

图 5-52 "书目查询结果"表单

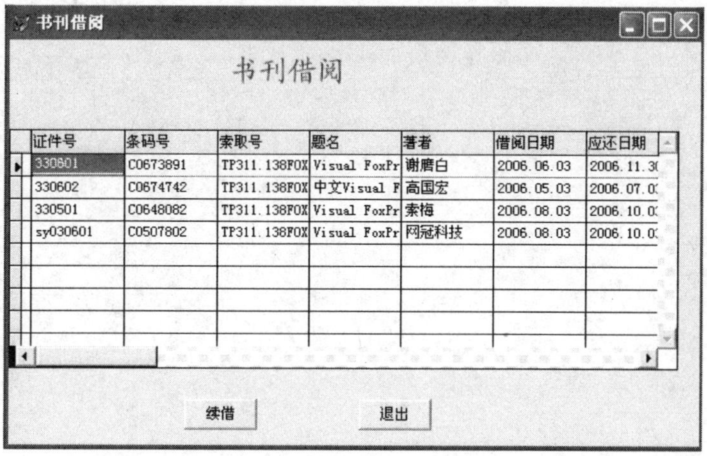

图 5-53 "书刊借阅"表单

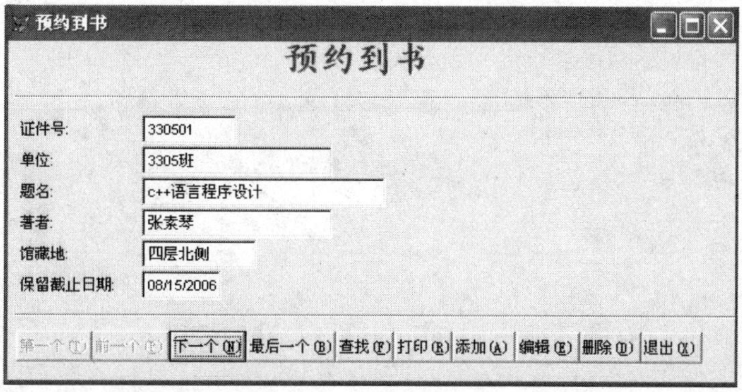

图 5-54 "预约到书"表单

2．为图书管理系统创建菜单

"图书管理系统"的主菜单主要由"书目查询"、"读者查询"、"信息公布"、"系统维护"、"退出系统"等菜单组成，其具体菜单布局如表 5-8 所示。

表 5-8 "图书管理系统"的菜单布局

文 件	编 辑	书 目 查 询	读 者 查 询	信 息 公 布	系 统 维 护	退 出 系 统	帮 助
新建 打开 关闭 保存 另存为 页面设置 打印预览 退出	撤消 重做 剪切 复制 粘贴	题名查询 著者查询 出版信息查询	读者查询借 阅书刊	预约到书 超期罚款 超期催款	密码修改 添加读者		

项目 6　应用程序的创建与发布

任务 1——编译应用程序

任务描述

为"学生信息管理系统"编译并生成可执行文件。

任务分析

构造一个最终的应用程序，需要如下步骤：构造应用程序框架、将文件添加到项目中、连编应用程序。其中关键在于主文件的设置。学生信息管理系统编译成一个可执行文件后，程序文件运行时以一个登录表单为初始用户界面，同时程序标题、菜单以及运行处理都进行了相应的改变。

任务实施

首先创建一个新的程序文件，通过命令对运行初始环境进行设置，再通过 DO 命令打开登录表单，用 READ EVENTS 命令来建立一个事件循环，最后将该程序文件设置为主文件，进行连编，指定生成可执行文件。

1）启动 VFP，打开学生信息管理系统项目管理器，单击"代码"选项卡，选择"程序"，单击"新建"按钮，弹出代码编辑窗口，输入如下代码：

```
clear                            &&消除主 FoxPro 窗口和用户自定义窗口
clear screen                     &&清除屏幕
set talk off                     &&关闭命令执行结果在屏幕的显示
set safety off                   &&关闭在存盘之前的警告
set dele on                      &&不处理带有删除标记的记录
set defa to e:\xx                &&设置默认路径
set strictdate to 0              &&设置可使用通常的日期格式
set date to ansi                 &&设置日期格式为 yy.mm.dd
set century on                   &&设置显示 4 位数年份
_vfp.caption='学生信息管理系统'    &&替换 FoxPro 主窗口的标题
```

*上述代码的作用是为了进行系统初始设置

do form 登录表单.scx &&调用 form 登录表单.scx

read events &&读取事件，如无此命令，经编译后的可执行
文件运行时，表单不会在屏幕停留

set talk on &&开启命令执行结果在屏幕的显示

单击"保存"按钮，在"另存为"对话框中输入程序名为"xxgl"，单击"确定"按钮，回到"代码"选项卡界面。

2）在"代码"选项卡中选择"xxgl"，单击"运行"按钮，即可得到如图 6-1 所示的界面。

图 6-1　运行 xxgl 程序后的界面

观察图 6-1，窗口标题已改名为"学生信息管理系统"，单击文件菜单中的"另存为"命令，可发现文件的默认路径也改为"e:\xx"。

3）在"代码"选项卡中选择"xxgl"，单击"项目"菜单中的"设置主文件"命令或单击鼠标右键，在快捷菜单中单击"设置主文件"命令，该文件名将加粗显示，表示已被设置为主文件程序。

4）在项目管理器中单击"连编"按钮，打开如图 6-2 所示的"连编选项"对话框。

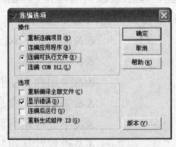

图 6-2　"连编选项"对话框

5）在图 6-2 所示的"连编选项"对话框中的"操作"组中选择"连编可执行文件"选项，在"选项"组中选择"显示错误"复选框。单击"确定"按钮，得到"另存为"对话框。

6）在"另存为"对话框中，把可执行程序命名为"学生信息管理"，单击"保存"按钮，

即进行编译。在状态栏中将显示编译信息。如无错误，该程序将在默认路径中以 exe 文件类型保存。单击该可执行文件，即可得到如图 6-1 所示的登录表单界面。

7）在图 6-1 所示的登录表单界面中输入用户名和密码，即可进入程序。

触类旁通

技术支持

创建一个应用程序主要包括：构造应用程序框架、将文件添加到项目中、连编应用程序。

（1）设置主文件

应用程序都应该有一个主文件将各组件连接起来，作为应用程序的起始点。菜单、表单、查询或源程序等文件均可设置为应用程序的主文件。一般来说，每一个项目必须指定一个主文件。一个项目必须有一个主文件，也只能有一个主文件。Visual FoxPro 默认添加到项目管理器的第一个程序、菜单或表单为主文件。在 Visual FoxPro 中，使用"项目管理器"可以方便地设置主文件。方法如下：

1）在项目管理器中选择要设置为主文件的文件。

2）单击鼠标右键，在弹出的快捷菜单中选择"设置主文件"命令，或者从"项目"菜单中选择"设置主文件"命令。如图 6-3 所示，以粗体显示的程序 mainpro 就是主程序。

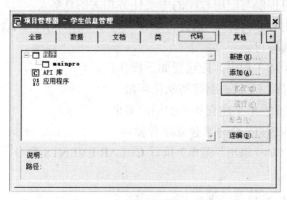

图 6-3 项目管理器中的主文件

（2）初始化环境

主文件或者主应用程序对象必须做的第一件事就是对应用程序的环境进行初始化。可以在应用程序运行初始，将初始的环境设置保存起来，在启动代码中为程序建立特定的环境设置，最后在应用程序退出时恢复默认的设置值。

在一个应用程序特定环境下，可能需要使用代码执行以下操作：

1）初始化设置，如 set talk off。

2）建立一个默认的路径，如 set defa to e:\xx。

3）打开任一需要的数据、自由表及索引。

（3）显示初始用户界面

初始用户界面可以是菜单，也可以是一个表单或其他的用户组件。在主程序中，可以使用 DO 命令运行一个菜单，或者使用 DO FORM 命令运行一个表单以初始化用户界面，或者通过设置一个表单为主程序来初始化用户界面，如 DO FORM 登录表单。

（4）控制事件循环

应用程序的环境建立以后，将显示出初始用户界面，这时需要建立一个事件循环来等待用户的交互动作。

若要控制事件循环，就执行 READ EVENTS 命令，该命令使 Visual FoxPro 开始处理用户事件，如鼠标单击、敲击键盘等。

在启动了事件循环之后，应用程序将处在所有最后显示的用户界面元素控制之下，同时应用程序必须提供一种方法来结束事件循环。若要结束事件循环，就必须执行 CLEAR EVENTS 命令。通常，都会用一个菜单项或表单中的按钮来执行命令。

（5）恢复初始的开发环境

如果要恢复存储的变量的初始值，可以将它们宏替换为原始的 SET 命令。如要恢复公共变量 CtalkVal 中保存的 SET TALK 设置，则执行以下命令：

SET TALK & CtalkVal

注：宏替换时，不能使用"m"为前缀的变量名。

（6）将程序组织为一个文件

如果在应用程序中使用一个程序文件（.prj）作为主文件，必须保证该程序中包含一些必要的命令，这些命令可控制与应用程序的主要任务相关的任务。

如果使用了"应用程序向导"，则会自动建立程序 main.prj，那么就不必建立新程序了。只需对该程序做些修改即可。

如要建立一个简单的主程序，应包括如下操作：

1）建立打开数据库、变量声明等初始化环境。

2）调用一个菜单或表单来建立初始的用户界面。

3）执行 READ EVENTS 命令来建立事件循环。

4）从一个菜单中（如"退出"菜单）执行 CLEAR EVENTS 命令，或执行一个表单按钮。主程序不执行该命令。

5）应用程序退出时，恢复环境。

（7）连编应用程序

连编即将所有程序连接并编译在一起。此过程的最终结果是将所有在项目中引用的文件合并成为一个应用程序文件。在一个项目中，可以建立应用程序文件（APP）及可执行文件（EXE）。前者必须在 Visual FoxPro 控制中运行，后者则可独立于 Visual FoxPro 运行。

连编步骤如下：

1）在项目管理器中加进所有参加连编的项目，如程序、菜单、表单、数据库、报表等。

2）设置主文件。

3）有关数据文件设置"包含/排除"状态。

"包含"指那些不需要更新的项目；"排除"指已添加在项目管理器中但在使用状态上被排除的项目。

指定文件状态的方法：在项目管理器中选中某文件，单击鼠标右键，在快捷菜单中选择"包含/排除"命令。

4）单击项目管理器中的"连编"按钮。

5）在"连编选项"对话框中确定要进行的具体操作。其中：

重新连编项目：指定重新连接与编译项目管理器中的所有项目，生成 .pjx 和 .pjt 文件。

连编应用程序：指定连接编译生成一个 .app 应用程序。

连编可执行文件：指定创建一个 .exe 可执行文件。

可连编 COM、DLL：指定使用项目文件中的类信息，创建一个具有 .dll 扩展名的动态连接库。

6）在"另存为"对话框中确定连编完成之后的执行路径和文件名。

拓展实践

将菜单 zhumenu.mnx 设置为主文件，为"学生信息管理系统"编译并生成可执行文件。

任务2—— 发布应用程序

任务描述

为"学生信息管理系统"发布应用程序。

任务分析

在正确编译了应用程序并经过严格的测试后，可以为应用程序创建安装程序和发布磁盘，发布应用程序。

任务实施

发布应用程序的操作很简单，只须先创建一个文件夹，把需要发布的源文件复制到该文件夹；再创建一个文件夹，用于存放系统生成的安装程序及辅助文件。一般操作步骤如下：

第一步：准备工作

1）创建一个文件夹 e:\xx，并把需要发布的文件复制到该文件夹。

2）创建一个文件夹 e:\xxto，用于存放系统生成的发布文件。

3）启动 Visual FoxPro。

第二步：使用安装向导创建发布磁盘

1）在"工具"菜单"向导"命令的子菜单中选择"安装"命令。启动安装向导，打开如图 6-4 所示的安装向导对话框。

2）单击"定位目录"按钮，系统弹出"选择目录"对话框，在其中选择"e:\xxto"目录，单击"选定"按钮后，系统弹出"安装向导"步骤1对话框：定位文件，如图 6-5 所示。

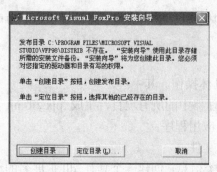

图 6-4 安装向导对话框

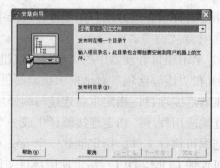

图 6-5 "安装向导"步骤 1 对话框

3）在"安装向导"步骤 1 对话框中，单击"发布树目录"文本框右边的"…"按钮，打开"选择目录"对话框。在该对话框选择文件夹 e:\xx 后，单击"下一步"按钮，打开安装向导第 2 步对话框：指定组件，如图 6-6 所示。

4）选择需要的应用程序组件后，单击"下一步"按钮，打开安装向导第 3 步对话框：指定磁盘映像，如图 6-7 所示。

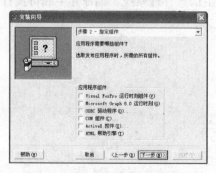

图 6-6 "安装向导"步骤 2 对话框

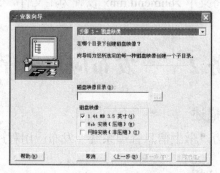

图 6-7 "安装向导"步骤 3 对话框

5）单击"磁盘映像目录"文本框右边的按钮，打开"选择目录"对话框。在该对话框选择存放目标文件的文件夹 e:\xxto，并单击"下一步"按钮，打开安装向导第 4 步对话框：指定安装选项，如图 6-8 所示。

6）在"安装对话框标题"文本框输入：学生信息管理系统。在"版权信息"文本框输入：版权所有，不得随意复制。在"执行程序"文本框输入：e:\xxto\学生信息管理系统.exe。并单击"下一步"按钮，打开安装向导第 5 步对话框：指定默认目录，如图 6-9 所示。

图 6-8 "安装向导"步骤 4 对话框

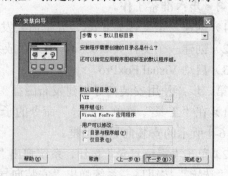

图 6-9 "安装向导"步骤 5 对话框

7）在"默认目标目录"文本框输入存放目标文件的文件夹：e:\xxto\，并单击"下一步"按钮，打开安装向导第 6 步对话框：改变文件设置，如图 6-10 所示。

8）直接单击"下一步"按钮，打开安装向导第 7 步对话框，如图 6-11 所示。

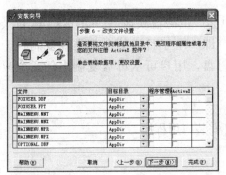

图 6-10 "安装向导"步骤 6 对话框   图 6-11 "安装向导"步骤 7 对话框

9）单击"完成"按钮，安装向导即开始建立磁盘控制表、生成安装脚本、创建压缩包文件、生成磁盘等工作，并在一个信息框中显示工作进展情况。

10）以上工作完成后，将打开"安装向导磁盘统计信息"对话框，显示有关统计信息。单击"完成"按钮，关闭该对话框。

完成以上操作后，在指定的磁盘映像目录中会产生磁盘现象—— DISK144 子目录，其下还有若干个子目录，如 DISK1、DISK2、DISK3 等。供用户复制一套若干张发布磁盘，即一个子目录的全部文件复制到一张磁盘上。安装应用程序时，只要运行 DISK1 中的安装程序 setup.exe 即可进行。

触类旁通

技术支持

所谓发布应用程序，就是为所开发的应用程序制作一套应用程序安装盘，使之能方便地安装到其他电脑上。以.exe 文件为例，其发布的方法与步骤如下：

（1）发布准备

创建一个目录，用来存放运行应用程序所需的全部文件，包括：

1）.exe 程序。

2）连编时未自动加入项目管理器的文件。

3）设置未排除类型的文件。

4）支持 vfp6r.dll、特定地区资源文件 vfp6rchs.dll。这些文件都存放在 Windows 的 system 目录中。

（2）创建发布磁盘

Visual Foxpro 提供的"安装向导"可用来创建发布磁盘并预制磁盘中的安装路径。方法是启动 Visual Foxpro，单击"工具"菜单中的"向导"子菜单中的"安装"命令，运行"安装向导"。向导会要求用户指定发布树、指定在硬盘上建立磁盘映像的目录，以及指定应用程序安装时的默认目标目录等。

（3）磁盘映像复制到存储盘

经过上述操作后，在指定的磁盘映像目录中会产生磁盘映像——DISK144 目录，其下还有若干子目录，供用户复制发布的存储盘，即一个子目录的全部文件复制到一张存储盘上。从磁盘映像复制而得到的存储盘成为母盘，用户可从母盘复制出任意个应用程序发布磁盘。

（4）安装应用程序

运行磁盘 DISK1 中的安装程序 setup.exe 即可安装应用程序。

拓展实践

为"学生信息管理系统"发布应用程序。

项 目 小 结

当完成学生信息管理系统各组件的创建之后，就可以进行应用程序的创建和发布了。首先，使用项目管理器来集中管理、组织数据和各种对象；然后，对应用程序的环境进行初始化设置。接着，对应用程序进行编译；最后，发布应用程序。

在编译应用程序之前，必须做的第一件事就是对应用程序的环境进行初始化设置。因为在打开 Visual FoxPro 时，默认的环境将建立 SET 命令和系统变量的值，但这些值对应用程序来说并非最合适。可通过菜单命令设置工作环境，也可通过自建的配置文件或程序文件来进行设置。

在完成所有功能组件的创建和环境设置后，就可进行应用程序的编译。一般来讲，应用程序的建立需要以下步骤：构造应用程序框架，将文件添加到项目中，连编应用程序。

构造应用程序框架时应该考虑如下任务：设置应用程序的起始点；初始化环境；显示初始的用户界面；控制事件循环；退出应用程序时，恢复原始的开发环境；将程序组织成一个文件。

一个项目包含若干独立的组件，这些组件作为单独的文件保存。一个文件若要被包含在一个应用程序中，必须添加到项目中。

编译应用程序的最后一步是连编。此过程的最终结果是将所有在项目中引用的文件合成为一个应用程序文件。单击项目管理器的"连编"按钮即可执行操作。

完成应用程序的编译后，就可准备发布该应用程序。发布应用程序的操作很简单，只须先创建一个文件夹，把需要发布的源文件复制到该文件夹；再创建一个文件夹，用于存放系统生成的安装程序及辅助文件。启动安装向导后，即可在向导的引导下直观地完成发布应用程序的所有工作。

实 战 强 化

为图书管理系统建立主程序 mainpro.prg，编译并生成可执行文件，创建安装程序和发布磁盘。

项目7 项目实战
（工资管理系统）

【职业能力目标】

1）了解工资管理系统实例的分析和设计方法。

2）能综合运用 VFP 的对象实现数据信息的管理。

本项目实现的工资管理系统包括员工信息管理、员工奖励与惩罚管理、工资的统计与发放等功能，主要分 5 个子任务来实现。

任务1—— 创建数据库

数据库在一个信息管理系统中占有非常重要的地位，数据库结构设计的好坏将直接影响应用系统的效率以及实现的效果。合理的数据库结构设计可以提高数据存储的效率，保证数据的完整和一致。

设计数据库

本项目实现的工资管理系统主要涉及员工信息管理、员工惩罚信息的管理、员工奖励信息的管理以及工资信息的管理。另外，本项目中设定工资的计算公式为：实际工资=等级工资+岗位工资+工龄工资+奖励金额–惩罚金额–个人所得税。本项目中的数据库需要如下 10 个表。

1）"员工信息"表：用来存储要发放工资的员工的信息。

2）"员工惩罚信息"表：用来存储员工受惩罚的记录。

3）"员工奖励信息"表：用来存储员工被奖励的记录。

4）"岗位工资信息"表：用来存储工作岗位与工资数额的对应关系。

5）"等级工资信息"表：用来存储工资等级与工资数额的对应关系。

6）"工龄工资信息"表：用来存储工龄与工资数额的对应关系。

7）"个人所得税率"表：用来存储个人所得税的税率。

8）"工资统计信息"表：用来存储未发放的工资信息。

9）"工资历史信息"表：用来存储已发放的工资信息。

10）"系统用户信息"表：用来存储可以登录系统的用户信息。

（1）"员工信息"表

"员工信息"表（yzxx）包括员工编号、姓名、性别、出生日期、籍贯、文化程度、健康状况、婚姻状况、身份证号码、家庭电话、手机、电子邮件、银行账号、工资等级、进入日期、岗位名称、备注等字段，这些字段的属性设置如表7-1所示。

表 7-1 "员工信息"表（yzxx）字段属性设置

字　段　名	数　据　类　型	说　　明
员工编号	字符型	字段宽度12，主索引字段，不能为空
姓名	字符型	字段宽度8
性别	字符型	字段宽度2
出生日期	日期型	字段宽度8
籍贯	字符型	字段宽度10
文化程度	字符型	字段宽度10
健康状况	字符型	字段宽度10
婚姻状况	字符型	字段宽度6
身份证号码	字符型	字段宽度18
家庭电话	字符型	字段宽度13
手机	字符型	字段宽度11
电子邮件	字符型	字段宽度20
银行账号	字符型	字段宽度24
工资等级	数值型	字段宽度4
进入日期	日期型	字段宽度8
岗位名称	字符型	字段宽度20
备注	字符型	字段宽度100

（2）"员工惩罚信息"表

"员工惩罚信息"表（cf）包括员工编号、惩罚类型、惩罚日期、惩罚金额和惩罚说明等字段，这些字段的属性设置如表7-2所示。

表 7-2 "员工惩罚信息"表（cf）字段属性设置

字　段　名	数　据　类　型	说　　明
员工编号	字符型	字段宽度12，普通索引字段，不能为空
惩罚类型	字符型	字段宽度20
惩罚日期	日期型	字段宽度8
惩罚金额	数值型	字段宽度8，小数位2
惩罚说明	备注型	字段宽度4

（3）"员工奖励信息"表

"员工奖励信息"表（jl）包括员工编号、奖励类型、奖励日期、奖励金额和奖励说明等字段，这些字段的属性设置如表7-3所示。

表 7-3 "员工奖励信息"表（jl）字段属性设置

字　段　名	数　据　类　型	说　　明
员工编号	字符型	字段宽度12，普通索引字段，不能为空
奖励类型	字符型	字段宽度20
奖励日期	日期型	字段宽度8
奖励金额	数值型	字段宽度8，小数位2
奖励说明	备注型	字段宽度4

（4）"岗位工资信息"表

"岗位工资信息"表（gwgz）包括岗位名称和岗位工资两个字段，这两个字段的属性设置如表7-4所示。

表7-4 "岗位工资信息"表（gwgz）字段属性设置

字　段　名	数据类型	说　　明
岗位名称	字符型	字段宽度20 索引字段，不能为空
岗位工资	数值型	字段宽度8，小数位2

（5）"等级工资信息"表

"等级工资信息"表（gzdj）包括等级名称和等级工资两个字段，这两个字段的属性设置如表7-5所示。

表7-5 "等级工资信息"表（gzdj）字段属性设置

字　段　名	数据类型	说　　明
等级名称	字符型	字段宽度2，索引字段，不能为空
等级工资	数值型	字段宽度8，小数位2

（6）"工龄工资信息"表

"工龄工资信息"表（glgz）包括工龄年数和工龄数量两个字段，这两个字段的属性设置如表7-6所示。

表7-6 "工龄工资信息"表（glgz）字段属性设置

字　段　名	数据类型	说　　明
工龄年数	数值型	字段宽度4，索引字段，不能为空
工龄数量	数值型	字段宽度8，小数位2

（7）"个人所得税率"

"个人所得税率"表（gzs）包括编号、级数、不计税工资、工资下限、工资上限、所得税率、速算扣除数和和备注等字段，这些字段的属性设置如表7-7所示。

表7-7 "个人所得税率"表（gzs）字段属性设置

字　段　名	数据类型	说　　明
编号	整型	字段宽度4，主索引字段，不能为空
级数	字符型	字段宽度2
不计税工资	数值型	字段宽度8，小数位2
工资下限	数值型	字段宽度8，小数位2
工资上限	数值型	字段宽度8，小数位2
所得税率	数值型	字段宽度8，小数位2
速算扣除数	数值型	字段宽度8，小数位2
备注	字符型	字段宽度150

（8）"工资统计信息"表

"工资统计信息"表（sjgz）包括员工编号、员工姓名、工资月份、等级工资、实际工龄、工龄工资、岗位工资、奖励金额、惩罚金额、工资总额、所得税额、实际工资等字段，这些字段的属性设置如表 7-8 所示。

表 7-8 "工资统计信息"表（sjgz）字段属性设置

字 段 名	数据类型	说 明
员工编号	字符型	字段宽度12，普通索引字段，不能为空
员工姓名	字符型	字段宽度8
工资月份	字符型	字段宽度12
等级工资	数值型	字段宽度8，小数位2
实际工龄	数值型	字段宽度4
工龄工资	数值型	字段宽度8，小数位2
岗位工资	数值型	字段宽度8，小数位2
奖励金额	数值型	字段宽度8，小数位2
惩罚金额	数值型	字段宽度8，小数位2
工资总额	数值型	字段宽度8，小数位2
所得税额	数值型	字段宽度8，小数位2
实际工资	数值型	字段宽度8，小数位2

（9）"工资历史信息"表

"工资统计信息"表（gzls）包括员工编号、员工姓名、工资月份、等级工资、实际工龄、工龄工资、岗位工资、奖励金额、惩罚金额、工资总额、所得税额、实际工资、发放日期、领取人和发放状态等字段，这些字段的属性设置如表 7-9 所示。

表 7-9 "工资统计信息"表（gzls）字段属性设置

字 段 名	数据类型	说 明
员工编号	字符型	字段宽度12，普通索引字段，不能为空
员工姓名	字符型	字段宽度8
工资月份	字符型	字段宽度12
等级工资	数值型	字段宽度8，小数位2
实际工龄	数值型	字段宽度4
工龄工资	数值型	字段宽度8，小数位2
岗位工资	数值型	字段宽度8，小数位2
奖励金额	数值型	字段宽度8，小数位2
惩罚金额	数值型	字段宽度8，小数位2
工资总额	数值型	字段宽度8，小数位2
所得税额	数值型	字段宽度8，小数位2
实际工资	数值型	字段宽度8，小数位2
发放日期	日期型	字段宽度8
领取人	字符型	字段宽度8
发放状态	字符型	字段宽度8

（10）"系统用户信息"表

"系统用户信息"表（yhxx）包括账号、密码和姓名等字段，这些字段的属性设置如表 7-10 所示。

表 7-10　"系统用户信息"表（yhxx）字段属性设置

字　段　名	数据类型	说　明
账号	字符型	字段宽度 10，主索引字段，不能为空
密码	字符型	字段宽度 20
姓名	字符型	字段宽度 10

创建数据库

使用 Visual FoxPro 进行程序开发时，使用项目管理器来管理应用程序的开发过程可以使开发过程比较规范，减小误操作带来的损失。要使用项目管理器，首先需要创建项目。

本实例中创建的项目名称为 salary，在该项目中创建的数据库名为 salary。按照上面介绍的表的结构在 salary 数据库中创建好本项目需要的表。

任务 2—— 系统功能设计

本项目创建的工资管理系统按照功能模块来划分，主要包括"员工信息管理"模块、"奖惩查询"模块、"工资管理"模块和"系统管理"模块，如图 7-1 所示。

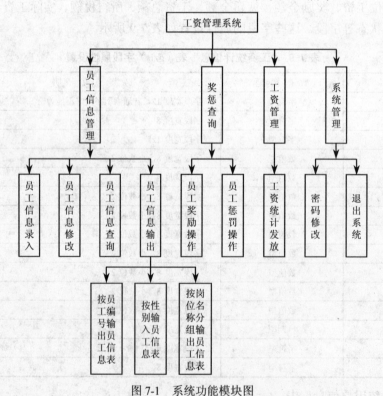

图 7-1　系统功能模块图

（1）系统主表单

双击工资管理系统的可执行程序 gzgl.exe，首先打开系统登录界面，输入正确的用户名与密码后进入系统主表单，如图 7-2 所示。

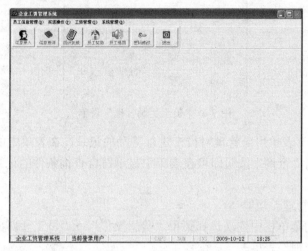

图 7-2　系统主表单

系统主表单是系统中其他表单的父表单，该表单主要用来装载系统主菜单。系统主菜单根据各个功能模块来划分，每个功能模块占用一个菜单。系统提供的所有功能都将通过主菜单来调用。

（2）"员工信息管理"功能

在系统主表单的菜单栏中依次选择菜单"员工信息管理"→"员工信息录入"、"员工信息查询"、"员工信息修改"，打开如图 7-3～图 7-5 所示的表单。

图 7-3　"员工信息录入"表单

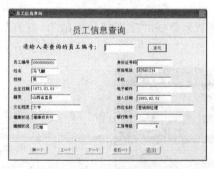

图 7-4　"员工信息查询"表单

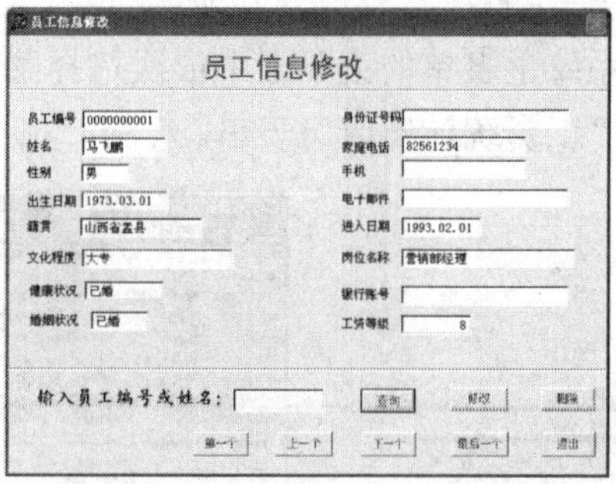

图 7-5　"员工信息修改"表单

"员工信息管理"功能主要用来对员工的基本信息进行管理，可以录入信息、查询信息、修改信息、输出信息等。

（3）"员工奖励管理"功能

在系统主表单的菜单栏中依次选择菜单"奖惩操作"→"员工奖励操作"，打开如图 7-6 所示的"员工奖励管理"表单。

图 7-6 "员工奖励管理"表单

"员工奖励管理"表单用来管理对员工进行奖励的记录，在表单中的查询工具栏中输入要查询的条件后单击"查询"按钮即可在表单中显示符合查询条件的记录，并可对记录进行修改和删除操作。

（4）"员工惩罚管理"功能

在系统主表单的菜单栏中依次选择菜单"奖惩操作"→"员工惩罚操作"，打开如图 7-7 所示的"员工惩罚管理"表单。

图 7-7 "员工惩罚管理"表单

"员工惩罚管理"表单用来管理对员工进行奖励的记录，在表单中的查询工具栏中输入要查询的条件后单击"查询"按钮即可在表单中显示符合查询条件的记录，并可对记录进行修改和删除操作。

（5）"工资统计发放"功能

在系统主表单的菜单栏中依次选择菜单"工资管理"→"工资统计发放"，打开如图 7-8 所示的"工资统计发放"表单。

图 7-8 "工资统计发放"表单

"工资统计发放"表单用来统计员工当月的工资，统计完成后可进行工资发放操作。本实例进行了如下的设定，统计的项目包括等级工资、工龄工资、岗位工资、惩罚操作产生的惩罚金额、奖励操作产生的奖励金额等，统计每个员工的如上工资项目后，然后对工资总额计算个人所得税，最后得出实际工资。在表单的表格控件中选中一条记录后，在表单的下部将显示该记录的详细信息，单击"发放"按钮即可完成工资发放操作。

（6）"修改密码"功能

在系统主表单的菜单栏中依次选择菜单"系统管理"→"修改密码"，打开如图7-9所示的"修改密码"表单。

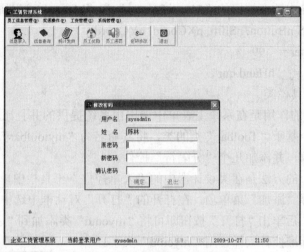

图7-9 "修改密码"表单

在"修改密码"表单中输入原密码以及两次相同的新密码后单击"确定"按钮即可完成当前登录系统用户的登录密码的修改。

任务3—— 表单设计

创建可视类

（1）创建自定义按钮类

本实例中创建自定义按钮类的目的在于保持系统中界面风格的统一，在该类中定义好按钮的字体、颜色等属性后，通过添加代码使鼠标移动到按钮上方时改变鼠标指定的形状，在后面使用按钮时只需要创建该类的对象即可。

在项目管理器中选择"类"选项卡，单击"新建"按钮，打开如图7-10所示的"新建类"对话框。

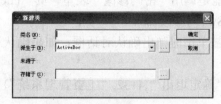

图7-10 "新建类"对话框

在"新建类"对话框的"类名"文本框中输入类的名称，这里输入"mycmd"，在"派生于"下拉列表中选择"CommandButton"项，在"存储于"文本框中输入可视类保存的类库名称"mytools"后单击"确定"按钮即可打开类设计器。在类设计器中设置按钮的字体、颜色等属性，创建好的"mycmd"类如图7-11所示。

图7-11 "mycmd"类

当鼠标指针移到按钮上方时改变指针形状需要添加代码来实现，实现的思路是在按钮的"MouseMove"事件中改变按钮的"MousePointer"和"MouseIcon"属性。代码如下：

```
LPARAMETERS nButton, nShift, nXCoord, nYCoord
This.MousePointer =   99
This.MouseIcon =    "hHand.cur"
```

（2）"常用"工具栏类

"常用"工具栏的作用是在系统主表单中调用由系统提供的并且比较常用的功能。在项目管理器中新建一个基于"Toolbar"类的类，将其命名为"mytoolbar"。在该类中添加7个"mycmd"类的对象，并添加几个"分隔符"控件。

使用"mycmd"的方法是在类设计器中的"表单控件"工具栏中单击"查看类"按钮，在弹出的菜单中选择"添加"菜单项，在打开的"打开"对话框中选中"mycmd"类存储的可视类库"mytools"后单击"打开"按钮即可将"mycmd"类添加到"表单控件"工具栏中。这样就可以像使用标准控件一样使用"mycmd"类了。

设置"mytoolbar"类中各个对象的属性，创建好的"常用"工具栏如图7-12所示。

图7-12 "常用"工具类

"mytoolbar"类中各个按钮的功能是通过调用相关的表单来实现的。

"信息录入"按钮的功能是调用"信息录入"表单，其"click"事件代码如下：

```
DO FORM FORMS\信息录入 .scx
```

"信息查询"按钮的功能是调用"信息查询"表单，其"click"事件代码如下：

```
DO FORM FORMS\信息查询 .scx
```

"统计发放"按钮的功能是调用"工资统计发放"表单，其"click"事件代码如下：

```
DO FORM FORMS\工资统计发放 .scx
```

"员工奖励"按钮的功能是调用"员工奖励"表单，其"click"事件代码如下：

```
DO FORM FORMS\奖励管理 .scx
```

"员工惩罚"按钮的功能是调用"员工惩罚"表单，其"click"事件代码如下：

```
DO FORM FORMS\惩罚管理 .scx
```

"密码修改"按钮的功能是调用"密码修改"表单，其"click"事件代码如下：

```
DO FORM FORMS\密码修改 .scx
```

"退出"按钮的功能是被单击时弹出确认对话框，如果确认退出系统，其"click"事件代码如下：

```
YN=MESSAGEBOX（"确定退出",4+32,"工资管理系统"）
IF YN=6
```

```
        THISFORM.Release
        CLEAR
        QUIT
    ENDIF
```

登录表单设计

登录表单的作用是操作者只有输入了正确的用户名和密码才能登录进入工资管理系统。

数据环境：系统用户信息表（yhxx）

登录表单包含有以下控件。

1 个图像控件：icon 属性值设置为 icon.ico。

1 个标签控件："工资管理系统"，其 FontSize 属性值设置为 24，FontName 属性值设置为华文行楷。

两个 "mycmd" 类的对象。

1 个容器控件：并在其中添加两个标签控件和两个文本框控件。两个标签控件为 "用户名"、"密码"，两个文本框控件为 "txt 用户名"、"txt 密码"。其中 "txt 用户名" 用来输入用户名，"txt 密码" 用来输入密码。

两个按钮："确定" 和 "退出"。

该表单的 Caption 属性为 "系统登录"，Name 属性为 logon，showWindow 属性为 2—AS Top-Level Form。

该表单的布局如图 7-13 所示。

"确定" 按钮的 click 事件代码如下：

图 7-13 "系统登录" 表单

```
*──改为精确比较
SET EXACT ON
*──试图登录次数自动加 1
THISFORM.i=THISFORM.i+1
*──检查是否输入了用户名
IF EMPTY(THISFORM.myCon.txt 用户名 .malue)
    *──警告对话框
    MESSAGEBOX（"请输入要登录的用户名",48,"工资管理系统"）
    *──焦点放置于 "txt 用户名" 文本框中
    THISFORM.mycon.txt 用户名 .setfocus
    *──返回，不再执行下面的代码
    RETURN
ENDIF
    *──选择 "系统用户信息" 表所在的工作区
SELECT yhxx
    *──声明本地变量
LOCAL ErrMsg
```

errmsg=""

*——查找用户名

LOCATE FOR ALLTRIM（yhxx.用户名）=ALLTRIM（THISFORM.mycon.txt 用户名.VALUE）

*——如果没有找到用户名

IF FOUND()

    *——如果密码正确

    IF ALLTRIM （yhxx.密码）=ALLTRIM THISFORM.mycon.txt 密码.value)

     *——将登录的用户名保存到全局变量中

      ccuruser=ALLTRIM（yhxx.用户名）

      *——退出表单

      THISFORM.RELEASE

      *——调用系统主表单

      DO FORM FORMS\mainForm

      return

    *——密码错误

    ELSE

      *——错误信息为"密码错误"

      errmsg="密码错误"

    ENDIF

ELSE

    *——错误

    errmsg="用户名不存在"

ENDIF

*——如果密码错误

IF errmsg != ""

    *——如果次数小于3

    IF THISFORM.i<3

      *——显示错误信息

      MESSAGEBOX（errmsg+"请重新输入",48,"工资管理系统"）

      *——清空文本框

      THISFORM.mycon.txt 用户名.VALUE=""

      THISFORM.mycon.txt 密码.VALUE=""

      *——根据错误信息设置焦点

      IF errmsg="用户名不存在"

        THISFORM.mycon.txt 用户名. setfocus

      ELSE

        THISFORM.myCon.txt 密码.setfocus

```
            ENDIF
        ELSE
        *——如果次数为3
        MESSAGEBOX("用户名或者密码错误三次，系统无法启动",48,"工资管理系统")
            *——退出表单
            THISFORM.RELEASE
            *——结束事件循环
            CLEAR EVENTS
            *——退出 Visual FoxPro
            QUIT
        ENDIF
    ENDIF
    *——改为模糊比较
    SET EXACT OFF
```

"退出"按钮的"click"事件代码如下:

```
    *——声明本地变量
    LOCAL YN
    *——确认对话框
    YN=MESSAGEBOX("确定退出",4+32,"工资管理系统")
    *——如果确认
    IF YN=6
        *——退出当前表单
        THISFORM.RELEASE
        *——结束事务处理
        CLEAR EVENTS
        *——退出 Visual FoxPro
        QUIT
    ENDIF
```

"修改密码"表单设计

为了系统的安全起见，密码用一段时间就要进行更换。"修改密码"表单主要用来完成修改密码的功能。

数据环境：系统用户信息表（yhxx）。

"修改密码"表单主要包括如下控件：布局如图 7-11 所示。

5 个标签控件：用户名、姓名、原密码、新密码、确认密码。

5 个文本框控件：txt 用户名、txt 姓名、txt 原密码、txt 新密码、txt 确认密码。其中 txt 用户名、txt 姓名的 ReadOnly 属性值设置为"T"，txt 原密码、txt 新密码、txt 确认密码的 PasswordChar 属性值设置为*。

两个"mycmd"类对象。

该表单的 caption 属性值设为"修改密码"，Name 属性值设为 SetPass，showWindow 属性为 1—In Top-Level Form，BorderStyle 属性值设为 2—Fixed Dialog。

该表单的布局如图 7-14 所示。

图 7-14 "修改密码"表单

"修改密码"表单的"Init"事件代码如下：

```
SELECT yhxx
*——查询登录的系统用户
LOCATE FOR ALLTRIM（yhxx.用户名）=ALLTRIM(ccuruser)
*——如果找到
IF FOUND()
    *——在表单中显示
    THISFORM.txt 用户名.value=yhxx.用户名
    THISFORM.txt 姓名.value=yhxx.姓名
    *——刷新表单
    THISFORM.refresh
ELSE
    *——警告对话框
    MESSAGEBOX（"用户名不存在",48,"工资管理系统"）
    *——退出表单
    THISFORM.release
ENDIF
```

"确定"按钮的"click"事件代码如下：

```
*——精确比较
SET EXACT ON
*——进入数据检查
SELECT yhxx
LOCATE FOR ALLTRIM（用户名）=ALLTRIM（THISFORM.txt 用户名.Value）;
    .AND. ALLTRIM（密码）=ALLTRIM（THISFORM.txt 原密码.Value）
IF .NOT. FOUND()
    MESSAGEBOX（"原密码错误，请重新输入",48,"工资管理系统"）
    THISFORM.txt 原密码.SetFocus
    RETURN
ENDIF
*——如果"密码"栏为空
IF EMPTY(ALLTRIM（THISFORM.txt 新密码.Value）).AND.;  EMPTY(ALLTRIM
（THISFORM.txt 确认密码.VALUE))
    MESSAGEBOX（"密码不能为空",48,"工资管理系统"）
```

THISFORM.txt 新密码.SetFocus

RETURN

ENDIF

*——如果两次密码不一致

IF ALLTRIM（THISFORM.txt 新密码.Value） <> ALLTRIM（THISFORM.txt 确认密码.VALUE）

MESSAGEBOX（"密码与确认密码不一致",48,"工资管理系统"）

THISFORM.txt 新密码.SetFocus

RETURN

ENDIF

*——获取表单中各数据项的值

sName=ALLTRIM（THISFORM.txt 用户名.Value）

sPass=ALLTRIM（THISFORM.txt 新密码.Value）

*——确定对话框

YN=MESSAGEBOX（"确定保存",4+32,"工资管理系统"）

*——如果确认

IF YN=6

*——修改密码

UPDATE yhxx SET 密码=sPass WHERE 用户名=sName

MESSAGEBOX（"密码修改成功",64,"工资管理系统"）

THISFORM.RELEASE

ENDIF

"退出"按钮的"click"事件代码如下：

THISFORM.release

"员工信息录入"表单设计

员工信息录入表单设计的主要作用是添加或删除一个员工的基本信息。

数据环境：员工信息表（yzxx），岗位工资信息表（gwgz），等级工资信息表（gzdj），工龄工资信息表（glgz）

"员工信息录入"表单主要包括如下控件，其布局如图 7-15 所示。

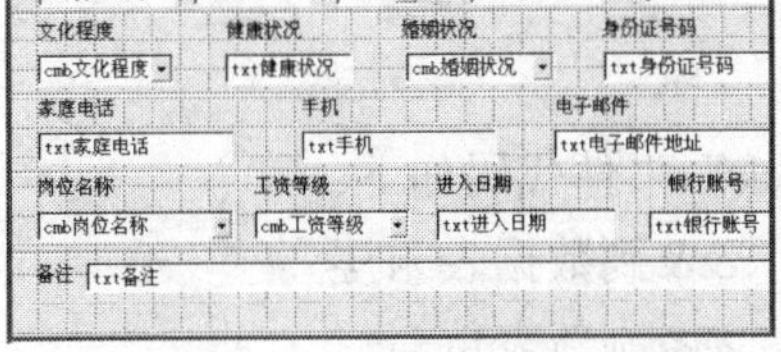

图 7-15 "员工信息录入"表单

18 个标签控件：员工信息录入、员工编号、姓名、性别、出生日期、籍贯、文化程度、健康状况、婚姻状况、身份证号码、家庭电话、手机、电子邮件、岗位名称、工资等级、进入日期、银行账号、备注。

12 个文本框控件：txt 员工编号、txt 姓名、txt 出生日期、txt 籍贯、txt 健康状况、txt 身份证号码、txt 家庭电话、txt 手机、txt 电子邮件地址、txt 进入日期、txt 银行账号、txt 备注。

5 个组合框控件：cmb 性别、cmb 文化程度、cmb 婚姻状况、cmb 岗位名称、cmb 工资等级。

1 个命令按钮组控件：其中包括 7 个按钮，它们的 Name 属性值分别为 command1、command2、command3、command4、command5、command6、command7。

该表单的 Caption 属性值设为员工信息录入，Name 属性值设为 staffadm。

"第一个"按钮的"click"事件代码如下：

```
go top                    &&到数据表末尾
thisform.refresh          &&刷新表单
```

"上一个"按钮的"click"事件代码如下：

```
*——如果到了数据表首部
IF BOF() .OR. RECNO() = 1
    MessageBox（"已到首记录",48,"工资管理系统"）
ELSE
*——如果数据指针不位于数据表首部
    SKIP-1
ENDIF
*——刷新表单
THISFORM.REFRESH
```

"下一个"按钮的"click"事件代码如下：

```
*——如果记录指针位于数据表末尾
IF EOF() or RecNO() = RecCount()
    MessageBox（"已到末记录",48,"工资管理系统"）
*——如果记录指针不位于数据表末尾
ELSE
    *——记录指针下移
    SKIP
ENDIF
*——刷新表单
THISFORM.REFRESH
```

"最后一个"按钮的"click"事件代码如下：

```
go bottom                 &&到数据表末尾
thisform.refresh          &&刷新表单
```

"添加"按钮的"click"事件代码如下：

```
append blank              &&添加一条空记录
thisform.refresh          &&刷新表单
```
"删除"按钮的"click"事件代码如下：
```
Delete                    &&删除记录
pack
thisform.release          &&释放表单资源
thisform.refresh          &&刷新表单
```
"退出"按钮的"click"事件代码如下：
```
thisform.release          &&释放表单资源
```

"员工信息查询"表单设计

员工信息查询表单的主要作用是根据员工的编号查询员工的基本情况信息。

数据环境：员工信息表（yzxx），岗位工资信息表（gwgz），等级工资信息表（gzdj）

员工信息录入表单主要包括如下控件，其布局如图7-16所示。

图7-16 "员工信息查询"表单

17个标签控件：员工信息查询、请输入要查询的员工编号、姓名、性别、出生日期、籍贯、文化程度、健康状况、婚姻状况、身份证号码、家庭电话、手机、电子邮件、进入日期、岗位名称、银行账号、工资等级。

17个文本框控件：text1、txt员工编号、txt姓名、txt性别、txt出生日期、txt籍贯、txt文化程度、txt健康状况、txt婚姻状况、txt身份证号码、txt家庭电话、txt手机、txt电子邮件地址、txt进入日期、txt岗位名称、txt银行账号、txt工资等级。

6个命令按钮：它们的Name属性值分别为cmdser、command2、command3、command4、command5、cmdexit。

"查询"按钮的"click"事件代码如下：
```
if allt(thisform.text1.value)==""
  messagebox（"请输入员工编号！",64,"提示"）
  thisform.text1.setfocus
else
  loca for alltr（员工编号）==allt(thisform.text1.value)
  if eof()
```

```
    messagebox（"该单位没有这个人！！",64,"提示"）
    thisform.text1.value=""
    thisform.text1.setfocus
    go bott
    thisform.refresh
  else
    jilu=recno()
    go jilu
    thisform.text1.value=""
    thisform.text1.setfocus
    thisform.refresh
  endif
  thisform.text1.setfocus
endif
```

"第一个"按钮的"click"事件代码如下：

```
GO TOP                                   && 指针指向第一条记录
THIS.ENABLED=.T.                         && 该记录获得焦点
THISFORM.COMMAND3. ENABLED=.F.           && 按钮组中的按钮 3 不能获得焦点
THISFORM.COMMAND4. ENABLED=.T.           && 按钮组中的按钮 4 获得焦点
THISFORM.COMMAND5. ENABLED=.T.           && 按钮组中的按钮 5 获得焦点
THISFORM.REFRESH
```

"上一个"按钮的"click"事件代码如下：

```
SKIP -1                                  && 指针指向前一条记录
THISFORM.COMMAND2. ENABLED=.T.           && 按钮组中的按钮 2 获得焦点
THISFORM.COMMAND4. ENABLED=.T.           && 按钮组中的按钮 4 获得焦点
THISFORM.COMMAND5. ENABLED=.T.           && 按钮组中的按钮 5 获得焦点
THISFORM.REFRESH                         && 刷新表单
IF BOF()                                 && 判断指针是否在表头
Messagebox（"已经到了第一个！",0+48,"提示"） && 提示信息
THIS.ENABLED=.F.                         && 该记录不能获得焦点
ELSE
THIS.ENABLED=.T.                         && 该记录获得焦点
ENDIF
THISFORM.REFRESH
```

"下一个"按钮的"click"事件代码如下：

```
SKIP                                     && 指针指向下一条记录
THISFORM.cmdser. ENABLED=.T.             && 按钮组中的按钮 1 获得焦点
IF EOF()                                 && 判断指针是否在表尾
```

THIS.ENABLED=.F.	&&该记录不能获得焦点
Messagebox（"已经到了最后一个！",0+48,"提示"）	&&提示信息
THISFORM.COMMAND2. ENABLED=.T.	&&按钮组中的按钮 2 获得焦点
THISFORM.COMMAND3. ENABLED=.T.	&&按钮组中的按钮 3 获得焦点
THISFORM.COMMAND5. ENABLED=.t.	&按钮组中的按钮 5 不能获得焦点
THISFORM.REFRESH	&&刷新表单
ELSE	
THIS.ENABLED=.T.	&&该记录获得焦点
THISFORM.COMMAND2. ENABLED=.T.	&&按钮组中的按钮 2 获得焦点
THISFORM.COMMAND3. ENABLED=.T.	&&按钮组中的按钮 3 获得焦点
THISFORM.cOMMAND5. ENABLED=.T.	&&按钮组中的按钮 5 获得焦点
ENDIF	
THISFORM.REFRESH	

"最后一个"按钮的"click"事件代码如下：

GO BOTTOM	&&指针指向最后一条记录
THIS.ENABLED=.T.	&&该记录获得焦点
THISFORM.COMMAND2. ENABLED=.T.	&&按钮组中的按钮 2 获得焦点
THISFORM.COMMAND3. ENABLED=.T.	&&按钮组中的按钮 3 获得焦点
THISFORM.COMMAND4. ENABLED=.F.	&&按钮组中的按钮 4 不能获得焦点
THISFORM.REFRESH	&&刷新表单

"退出"按钮的"click"事件代码如下：

thisform.release	&&释放表单资源

"员工信息修改"表单设计

员工信息修改表单的主要作用是根据员工的编号或姓名修改员工的基本情况信息。

数据环境：员工信息表（yzxx），岗位工资信息表（gwgz），等级工资信息表（gzdj）

员工信息录入表单主要包括如下控件，其布局如图 7-17 所示。

图 7-17 "员工信息修改"表单

18 个标签控件：员工信息修改、员工编程、姓名、性别、出生日期、籍贯、文化程度、健康状况、婚姻状况、身份证号码、家庭电话、手机、电子邮件、进入日期、岗位名称、银行账号、工资等级、请输入员工编号或姓名。

17 个文本框控件： txt 员工编号、txt 姓名、txt 性别、txt 出生日期、txt 籍贯、txt 文化程度、txt 健康状况、txt 婚姻状况、txt 身份证号码、txt 家庭电话、txt 手机、txt 电子邮件地址、txt 进入日期、txt 岗位名称、txt 银行账号、txt 工资等级、text1。

8 个命令按钮：它们的 Name 属性值分别为 cmdser、command2、command3、command4、command5、cmdexit、command6、command7。

"查询"按钮的"click"事件代码如下：

```
if allt(thisform.text1.value)==""
  messagebox（"请输入员工编号！",64,"提示"）
  thisform.text1.setfocus
else
  loca for alltr（员工编号）==allt(thisform.text1.value) or alltr（姓名）==alltr(thisform.text1.value)
  if eof()
    messagebox（"该单位没有这个人！！",64,"提示"）
    thisform.text1.value=""
    thisform.text1.setfocus
    go bott
    thisform.refresh
else
    jilu=recno()
    go jilu
    thisform.text1.value=""
    thisform.text1.setfocus
    thisform.refresh
endif
  thisform.text1.setfocus
endif
```

"修改"按钮的"click"事件代码如下：

```
use .\data\yzxx.dbf exclusive
if allt(thisform.text1.value)==""
  messagebox（"请输入要修改的员工编号！",64,"提示"）
  thisform.text1.setfocus
else
  loca for alltr（员工编号）==allt(thisform.text1.value) .or. alltr（姓名）==allt(thisform.text1.value)
  if eof()
    messagebox（"该单位没有这个员工！！",64,"提示"）
```

```
    thisform.text1.value=""
    thisform.text1.setfocus
    go bott
    thisform.refresh
  else
    jilu=recno()
    go jilu
    thisform.text1.value=""
    thisform.txt 员工编号 2.setfocus
    thisform.refresh
  endif
endif
```

"删除"按钮的"click"事件代码如下。

```
use .\data\yzxx.dbf exclusive
if allt(thisform.text1.value)==""
  messagebox ("请输入要删除的员工编号或姓名！",64,"提示")
  thisform.text1.setfocus
else
    loca for alltr(员工编号)==allt(thisform.text1.value) .or. alltr(姓名)==allt(thisform.text1.value)
    if eof()
      messagebox ("该单位没有这个员工！！",64,"提示")
      thisform.text1.value=""
      thisform.text1.setfocus
      go bott
      thisform.refresh
    else
      jilu=recno()
      go jilu
      thisform.text1.value=""
      thisform.refresh
      shanchu=messagebox ("确定要删除吗？",1+64,"提示")
    if shanchu==1
      dele
      pack
      count all to num
      if jilu>num
        go bott
        thisform.init
```

```
    else
        go jilu
        thisform.init
      endif
      endif
    endif
  endif
  thisform.refresh
```

"员工奖励管理"表单设计

员工奖励管理表单的主要作用是对员工进行奖励,对员工进行奖励产生的奖励金额将出现在工资统计结果中。

数据环境:员工信息表(yzxx),员工奖励信息表(jl)

员工奖励管理表单主要包括如下控件,其布局如图7-18 所示。

图 7-18 "员工奖励管理"表单

7 个标签控件:员工奖励管理、输入员工编号或奖励类型、员工编号、奖励类型、奖励日期、奖励金额、奖励说明。

4 个文本框控件:text1、txt 奖励类型、txt 奖励日期、txt 奖励金额。

1 个组合框控件:cmb 员工编号。

1 个编辑框控件:edt 奖励说明。

8 个命令按钮:它们的 Name 属性值分别为 cmdser、command2、command3、command4、command5、command6、command7、cmdexit。

"查询"按钮的"click"事件代码如下:

```
use .\data\jl.dbf exclusive
if allt(thisform.text1.value)==""
    messagebox("请输入员工编号!",64,"提示")
    thisform.text1.setfocus
else
   loca for alltr(员工编号)==allt(thisform.text1.value) or alltr(奖励类型)==alltr(thisform.text1.value)
    if eof()
      messagebox("该单位没有这个人!!",64,"提示")
      thisform.text1.value=""
      thisform.text1.setfocus
      go bott
      thisform.refresh
    else
```

```
    jilu=recno()
    go jilu
    thisform.text1.value=""
    thisform.text1.setfocus
    thisform.refresh
  endif
  thisform.text1.setfocus
endif
```

"修改"按钮的"click"事件代码如下：

```
if allt(thisform.text1.value)==""
  messagebox（"请输入要修改的员工编号！",64,"提示"）
  thisform.text1.setfocus
else
    loca for alltr（员工编号）==allt(thisform.text1.value) .or. alltr（奖励类型）==allt(thisform.text1.value)
    if eof()
      messagebox（"该单位没有这个员工！！",64,"提示"）
      thisform.text1.value=""
      thisform.text1.setfocus
      go bott
      thisform.refresh
    else
      jilu=recno()
      go jilu
      thisform.text1.value=""
      thisform.cmb员工编号.setfocus
      thisform.refresh
    endif
endif
```

"删除"按钮的"click"事件代码如下：

```
use .\data\staffenc.dbf exclusive
if allt(thisform.text1.value)==""
  messagebox（"请输入要删除的员工编号或姓名！",64,"提示"）
  thisform.text1.setfocus
else
    loca for alltr（员工编号）==allt(thisform.text1.value) .or. alltr（奖励类型）==allt(thisform.text1.value)
    if eof()
```

```
        messagebox（"该单位没有这个员工！！",64,"提示"）
        thisform.text1.value=""
        thisform.text1.setfocus
        go bott
        thisform.refresh
     else
        jilu=recno()
        go jilu
        thisform.text1.value=""
        thisform.refresh
        shanchu=messagebox（"确定要删除吗？",1+64,"提示"）
        if shanchu==1
          dele
          pack
          count all to num
          if jilu>num
            go bott
            thisform.init
          else
            go jilu
            thisform.init
          endif
        endif
       endif
     endif
   thisform.refresh
```

"员工惩罚管理"表单设计

员工惩罚管理表单的主要作用是对员工进行惩罚，对员工进行惩罚产生的惩罚金额将出现在工资统计结果中。

数据环境：员工信息表（yzxx），员工惩罚信息表（cf）

员工惩罚管理表单主要包括如下控件，其布局如图7-19 所示。

图7-19 "员工惩罚管理"表单

7 个标签控件：员工惩罚管理、输入员工编号或惩罚类型、员工编号、惩罚类型、惩罚日期、惩罚金额、惩罚说明。

4 个文本框控件：text1、txt 惩罚类型、txt 惩罚日期、txt 惩罚金额。

1 个组合框控件：cmb 员工编号。

1 个编辑框控件：edt 惩罚说明。

8 个命令按钮：它们的 Name 属性值分别为 cmdser、command2、command3、command4、command5、command6、command7、cmdexit。

"查询"按钮的"click"事件代码如下：

```
use .\data\cf.dbf exclusive
if allt(thisform.text1.value)==""
   messagebox（"请输入员工编号！",64,"提示"）
   thisform.text1.setfocus
else
   loca for alltr（员工编号）==allt(thisform.text1.value) or alltr（惩罚类型）==alltr(thisform.text1.value)
   if eof()
     messagebox（"该单位没有这个人！！",64,"提示"）
     thisform.text1.value=""
     thisform.text1.setfocus
     go bott
     thisform.refresh
   else
     jilu=recno()
     go jilu
     thisform.text1.value=""
     thisform.text1.setfocus
     thisform.refresh
   endif
   thisform.text1.setfocus
endif
```

"修改"按钮的"click"事件代码如下：

```
if allt(thisform.text1.value)==""
   messagebox（"请输入要修改的员工编号！",64,"提示"）
   thisform.text1.setfocus
else
   loca for alltr（员工编号）==allt(thisform.text1.value) .or. alltr（惩罚类型）==allt(thisform.text1.value)
   if eof()
     messagebox（"该单位没有这个员工！！",64,"提示"）
     thisform.text1.value=""
     thisform.text1.setfocus
     go bott
```

```
      thisform.refresh
    else
      jilu=recno()
      go jilu
      thisform.text1.value=""
      thisform.cmb员工编号.setfocus
      thisform.refresh
    endif
  endif
```

"删除"按钮的"click"事件代码如下：

```
use .\data\jl.dbf exclusive
if allt(thisform.text1.value)==""
  messagebox（"请输入要删除的员工编号或姓名！",64,"提示"）
  thisform.text1.setfocus
else
  loca for alltr（员工编号）==allt(thisform.text1.value) .or. alltr（奖励类型）==allt
(thisform.text1.value)
  if eof()
    messagebox（"该单位没有这个员工！！",64,"提示"）
    thisform.text1.value=""
    thisform.text1.setfocus
    go bott
    thisform.refresh
  else
    jilu=recno()
    go jilu
    thisform.text1.value=""
    thisform.refresh
    shanchu=messagebox（"确定要删除吗？",1+64,"提示"）
    if shanchu==1
      dele
      pack
      count all to num
      if jilu>num
        go bott
        thisform.init
      else
        go jilu
```

```
        thisform.init
      endif
    endif
  endif
endif
thisform.refresh
```

"工资统计发放"表单设计

工资统计发放表单的主要作用是统计并发放所有员工的工资。本表单功能的实现还需要创建 SDS.PRG 程序和 SALARYTC.PRG 程序。

数据环境：除"用户信息表"以外的所有表。

工资统计发放表单主要包括如下控件，其布局如图 7-20 所示。

图 7-20 "工资统计发放"表单

1 个表格控件，3 个"mycmd"类的对象：统计、发放、退出。

14 个标签控件：员工编号、员工姓名、工资月份、等级工资、实际工龄、工龄工资、岗位工资、奖励金额、惩罚金额、工资总额、所得税额、实际工资、发放日期、领取人。

14 个文本框控件：txt 员工编号、txt 员工姓名、txt 工资月份、txt 等级工资、实际工龄、txt 工龄工资、txt 岗位工资、txt 奖励金额、txt 惩罚金额、txt 工资总额、txt 所得税额、txt 实际工资、txt 发放日期、txt 领取人。

1. SDS.PRG 程序的功能是根据给定的金额计算个人所得税。其代码如下：

```
FUNCTION SDS(nNum)
    *——减去不用计税部分
    nNum=nNum-800
    *——查找工资级别
    SELECT SalaryTax
    LOCATE FOR nNum>工资下限 .AND. nNum<工资上限
    IF FOUND()
        *——如果找到，计算税收
        SDSE=SalaryTax.速算扣除数+（nNum-SalaryTax.工资下限）*所得税率*0.01
    ELSE
```

```
      *——如果未找到，为 0
      SDSE=0
   ENDIF
   RETURN SDSE
ENDFUNCION
```

2. SALARYSTC.PRG 程序的功能是计算员工信息表中每个员工的工资。其代码如下：

```
FUNCTION SalarySTC()
   SELECT StaffInfo
   GO TOP
   LOCAL YGBH, YGXM, GZYF, DJGZ, SJGL, GLGZ, GWGZ, JLJE, CFJE, GZZE, SDSE,
SJGZ, YL
      *——工资月份
   nYear=YEAR(DATE())
   nMonth=MONTH(DATE())
   L=ALLTRIM(STR(nYear))
   Y=ALLTRIM(STR(nMonth))
   GZYF=L+ "年" +Y+ "月"
      *——循环统计每个人的工资情况
   DO WHILE .NOT. EOF()
      *——员工编号
      YGBH=StaffInfo.员工编号
      *——员工姓名
      YGXM=StaffInfo.姓名
      *——等级工资
      DJGZ=0                          && 初始化
      SELECT SalaryRank
         *——查找等级所对应的工资
      LOCATE FOR   等级名称=StaffInfo.工资等级
      IF FOUND()
         DJGZ=SalaryRank.等级工资
         *——无相应的等级，则是最低级
      ELSE
         SET FILTER TO
         GO TOP
         DJGZ=SalaryRank.等级工资
      ENDIF
      *——工龄工资
```

```
        GLGZ=0                               &&初始化工龄工资
        *——计算工龄
        nYear=INT((DATE()-StaffInfo.进入日期)/365)
        SJGL=nYear
        SELECT LenServPay
        *——查找工龄工资
        LOCATE FOR  工龄年数=nYear
        IF FOUND()
            GLGZ=LenServPay.工资数量
        ELSE
        *——没有相应的工龄，找小于实际工龄的最大的工龄的工资
            DO WHILE nYear>0
                nYear=nYear-1
                LOCATE FOR  工龄年数=nYear
                IF FOUND()
                    GLGZ=LenServPay.工资数量
                    nYear=0
                ENDIF
            ENDDO
        ENDIF
    *——岗位工资
        GWGZ=0                               &&初始化变量
        SELECT PostPay
        *——查找岗位对应的岗位工资
        LOCATE FOR  岗位名称=StaffInfo.岗位名称
        *——找到相应的岗位
        IF FOUND()
            GWGZ=PostPay.岗位工资
        ELSE
        *——没有找到取第1条记录
            SELECT PostPay
            GO TOP
            GWGZ=PostPay.岗位工资
        ENDIF
    *——奖励金额
        *上个月25日～本月25日
        DIMENSION JLArray(1)
        JLArray=0
```

SELECT SUM（奖励金额） FROM StaffEnc WHERE 员工编号=StaffInfo.员工编号 AND 奖励日期<DATE()-(DAY(DATE())-25) AND 奖励日期>DATE()-(DAY(DATE())-25)-2-30 INTO ARRAY JLArray

JLJE=JLArray

*——惩罚金额

*上个月 28 日～本月 28 日

DIMENSION CFArray(1)

CFArray=0

SELECT SUM（惩罚金额） FROM StaffPun WHERE 员工编号=StaffInfo.员工编号 AND 惩罚日期<DATE()-(DAY(DATE())-25) AND 惩罚日期>DATE()-(DAY(DATE())-25)-2-30 INTO ARRAY CFArray

CFJE=CFArray

*——工资总额

GZZE=DJGZ+GLGZ+GWGZ+JLJE-CFJE

*——所得税额

SDSE=SDS(GZZE)

*——实际工资

SJGZ=GZZE-SDSE

*——插入新记录

INSERT INTO SalaryStatic VALUES (YGBH, YGXM, GZYF, DJGZ, SJGL, GLGZ, GWGZ, JLJE, CFJE, GZZE, SDSE, SJGZ)

*——下移记录指针

SELECT StaffInfo

SKIP

ENDDO

RETURN

ENDFUNCION

3．给表单添加代码

在表单中添加 1 个自定义属性"REC"使表格控件中当前所在行高亮，设定"REC"的初始值为 1。

表单在初始化时设置表单中的"txt 发放日期"设定为当前系统日期，添加表单的"INIT"事件代码如下：

THISFORM.txt 发放日期.Value=DATE()

表格控件在初始化时设置其所有列的"DYNAMIC"，添加表格控件的"INIT"事件代码如下：

SELECT sjgz

THIS.SetAll("DynamicBackColor","IIF(RECNO()=THISFORM.REC,RGB(192,210,238),RG

B(192,192,192))","Column")

表格控件中的当前行或列发生变化后要刷新表单，使表单下部与数据绑定的各个控件中的数据更新，添加表格控件的"AFTERROWCOLCHANGE"事件代码如下：

LPARAMETERS nColIndex

THISFORM.Refresh

表单刷新时要将工资统计信息表中当前记录的记录指针位置赋给自定义属性"REC"，添加表单"REFRESH"事件代码如下：

SELECT sjgz

THISFORM.Rec=RECNO()

"统计"按钮的"CLICK"事件代码如下：

iYear=YEAR(DATE())

iMonth=MONTH(DATE())

iDate=DAY(DATE())

*——设定每月 25 日后统计工资

*——如果未到 25 日不能统计工资

IF iDate<25

    MESSAGEBOX（"尚未到工资统计时间",48,"工资管理系统"）

    RETURN

ELSE

    *——检测是否已经统计工资

    sYear=ALLTRIM(STR(iYear))

    sMonth=ALLTRIM(STR(iMonth))

    YF=sYear+"年"+sMonth+"月"

    SELECT SalaryHistory

    LOCATE FOR 工资月份=YF

    IF FOUND()

        MESSAGEBOX（YF+"工资已经统计",48,"工资管理系统"）

        RETURN

    ENDIF

    SELECT sjgz

    LOCATE FOR 工资月份=YF

    IF FOUND()

        MESSAGEBOX（YF+"工资已经统计",48,"工资管理系统"）

        RETURN

    ENDIF

    *——如果没有统计，则开始统计

    SalarySTC()

    *——统计结束后在刷新表单

```
    THISFORM.Refresh
ENDIF
```

"发放"按钮的"click"事件代码如下:

```
*——检测是否有工资需要发放
SELECT sjgz
IF EMPTY(ALLTRIM(THISFORM.txt 员工编号.Value)) .OR. RECCOUNT()=0
    MESSAGEBOX("没有工资需要发放",48,"工资管理系统")
    RETURN
ENDIF
*——弹出确认对话框
LOCAL YGBH,YGXM,GZYF,DJGZ,SJGL,GLGZ,GWGZ,;
    JLJE,CFJE,GZZE,SDSE,SJGZ,FFRQ,LQR,FFZT,sSJGZ
YGXM=ALLTRIM(THISFORM.txt 员工姓名.Value)  &&员工姓名
SJGZ=THISFORM.txt 实际工资.Value        &&实际工资
sSJGZ=ALLTRIM(STR(SJGZ))
GZYF=ALLTRIM(THISFORM.txt 工资月份.Value)  &&工资月份
YN=MESSAGEBOX(YGXM+GZYF+"的实际工资为"+sSJGZ+CHR(13)+"确定发放",;
    4+32,"工资管理系统")
IF YN=6
    *——获取必要数据项的值
    YGBH=ALLTRIM(THISFORM.txt 员工编号.Value)
    DJGZ=THISFORM.txt 等级工资.Value
    SJGL=THISFORM.txt 实际工龄.Value
    GLGZ=THISFORM.txt 工龄工资.Value
    GWGZ=THISFORM.txt 岗位工资.Value
    JLJE=THISFORM.txt 奖励金额.Value
    CFJE=THISFORM.txt 惩罚金额.Value
    GZZE=THISFORM.txt 工资总额.Value
    SDSE=THISFORM.txt 所得税额.Value
    SJGZ=THISFORM.txt 实际工资.Value
    FFRQ=THISFORM.txt 发放日期.Value
    LQR=THISFORM.txt 领取人.Value
    FFZT="已发放"
    *——将记录添加到工资历史表
    INSERT INTO SalaryHistory VALUES(YGBH,YGXM,GZYF,DJGZ,SJGL,;
        GLGZ,GWGZ,JLJE,CFJE,GZZE,SDSE,SJGZ,FFRQ,LQR,FFZT)
    *——在工资统计表中删除记录
    THISFORM.Grid1.RecordSource=NULL
```

```
SELECT sjgz
IF .NOT. ((EOF() .AND. BOF()) .OR. RECCOUNT()=0)
    DELETE
    PACK
ENDIF
THISFORM.Grid1.RecordSource="SalaryStatic"
THISFORM.Refresh
MESSAGEBOX（"工资发放成功",64,"工资管理系统"）
ENDIF
```

"退出"按钮的"click"事件代码如下：

```
THISFORM.Release
```

任务4——创建系统主表单

系统主表单是一个程序中主要的界面，它是其他表单的父表单，在创建系统主表单之前需要首先创建系统主程序、可视类和系统主菜单。

创建主程序

主程序是程序的入口，主程序可以由.prg 程序、菜单或者表单来充当，但是使用.prg 程序来充当主程序有更大主动性。在本实例中使用.prg 程序作为系统主程序。在主程序进行的操作包括初始化系统环境、设置系统环境、避免程序多次运行、声明并初始化全局变量、调用"系统登录"表单，最后开始事件循环。本实例中的主程序 main.prg 的代码如下所示：

```
*——系统环境初始化
CLOSE ALL
CLEAR ALL
*——系统环境设置
SET  ESCAPE  OFF            &&  禁止运行的程序在按 ESC 键被中断
SET  TALK  OFF              &&  关闭命令显示
SET  SAFETY  OFF            &&  覆盖时不要确认
SET  STAT BAR  OFF          &&  将状态栏关闭
SET  SYSMENU  OFF           &&  可关掉 VFP 系统菜单区域
SET  SYSMENU  TO            &&  关闭系统菜单
SET  CENTURY  ON            &&  显示 4 位年代
SET  DATE  ANSI             &&  指定日期表达式的显示格式为 yy.mm.dd
*——避免多次运行程序
    *——声明 API 函数"FindWindow"
DECLARE Integer FindWindow IN USER32.DLL String lpClassName,String lpWindowName
```

```
lpWindowName="员工管理系统"
IF .NOT. FindWindow(0,lpWindowName)==0      &&寻找窗口标题
    =MESSAGEBOX（"程序已经运行了",48,"工资管理系统"）
    QUIT
ENDIF
_Screen.Caption=lpWindowName
*——声明全局变量
PUBLIC cCurUser               &&   用来保存系统中的登录用户
*——初始化全局变量
cCurUser=""
*——调用登录表单
DO FORM FORMS\Logon           &&   显示登录表单
*——开始处理事件
READ EVENTS                   &&   开始处理事件
*——退出系统
QUIT
```

在项目管理器中新建一个.prg 程序，输入如上代码后将其保存为 main.prg，然后在项目管理器中选中该程序，单击鼠标右键，在快捷菜单中选择"设置主文件"即可将新建的程序设置为主程序。

创建系统主菜单

本实例中系统主菜单的功能是调用系统中提供的所有功能，该主菜单是按照功能模块的形式来组织的。

在项目管理器中选择"其他"选项卡，然后选中"菜单"项，单击"新建"按钮，在打开的"新建菜单"对话框中选择"菜单"按钮即可打开菜单设计器来设计菜单，创建菜单的结构如表 7-11 所示。

表 7-11　系统主菜单结构

菜　　单	菜　单　项	结　　果	命　　　　令
员工信息管理	员工信息录入	命令	DO FORM FORMS\信息录入.scx
	员工信息查询	命令	DO FORM FORMS\信息查询.scx
	员工信息修改	命令	DO FORM FORMS\信息修改.scx
	员工信息输出	子菜单	
奖惩操作	员工奖励操作	命令	DO FORM FORMS\奖励管理.scx
	员工惩罚操作	命令	DO FORM FORMS\惩罚管理.scx
工资管理	工资统计发放	命令	DO FORM FORMS\工资统计发放.scx
系统管理	修改密码	命令	DO FORM FORMS\密码修改.scx
	退出系统	命令	QUIT

表 7-12 "员工信息输出"子菜单结构

子 菜 单	菜 单 项	结 果	命 令
员工信息输出	按员工编号输出员工信息表	命令	report form forms\按员工编号输出信息表.frx
	按性别输出员工信息表	命令	report form forms\按性别输出信息表.frx
	按岗位名称分组输出员工信息表	命令	report form forms\按岗位名称分组输出员工信息表.frx

本实例中设定系统主菜单要在系统主表单中使用，因此还需要设置菜单的属性，在菜单设计器中选择菜单"显示"→"常规选项"，在打开的"常规选项"对话框中选中"顶层表单"复选框后单击"确定"按钮即可。

创建好菜单结构后保存菜单为"menu11.mnx"，并在菜单设计器中选择 "菜单"→"生成"，在打开的"生成菜单"对话框中选择生成菜单的保存路径，单击"生成"按钮即可将菜单生成为可执行的菜单程序。如图 7-21 所示。

图 7-21 "生成菜单"对话框

创建系统主表单

在"表单设计器"中创建一个表单作为系统主表单，命名为"mainform"，在表单中添加 1 个状态栏控件，使用状态栏控件自带的属性窗口来添加列，并设置各列的属性。Autocenter 属性值为"T"—True，borderstyle 属性值为 2—fixed dialog，caption 属性值为工资管理系统，height 属性值为 630，icon 属性值为 sysicon.ico，MDIForm 属性值为"T"—True，showtips 属性值为"T"—True，showWindow 属性值为 2—AS Top—Level Form，width 属性值为 840，windowstate 属性值为 0-normal。

本实例中设定系统主表单在初始化时加载系统主菜单，然后在状态栏的第 3 列显示当前登录的系统用户的用户名。系统主表单的"Init"事件代码如下：

*——调用系统主菜单

DO Menu11.MPR WITH THIS

*——在状态栏第 3 列显示登录的系统用户的账号

THISFORM.OLEcontrol1.Panels(3).Text=cCurUser

*——刷新表单

THIS.Parent.Refresh

由于要在系统主表单中显示"常用"工具栏，而"常用"工具栏实质上也是一种特殊形式的表单，只有在表单集才能包容表单，因此需要创建一个表单集。

在表单设计器中打开系统主表单，在菜单栏中依次选择"菜单"→"创建表单集"，即可创建一个表单集。

本实例在表单集中加载"常用"工具栏的方式是：先在表单集的"Init"事件中声明全局变量，来标识工具栏是否已经被创建，然后在表单集的"Active"事件中检测工具栏是否已经创建，如果没有创建则创建并且显示工具栏，而且改变全局变量的值，标识工具栏已经被创建。表单集的"Init"事件代码如下：

*——声明全局变量，判断工具栏是否已经被建立

Public IsCreateToolbar
*——变量赋初值
IsCreateToolbar=0
表单集的"Active"事件代码如下：
*—— 如果没有创建工具栏
IF IsCreateToolbar=0
    *——标识已经创建
    IsCreateToolbar=1
    *——创建工具栏
    SET CLASSLIB TO MyTools
    THIS.AddObject("MyToolBar1","MyToolbar")
    *—— 显示工具栏
    THIS.MyToolBar1.Show
    *——停放工具栏
    THIS.MyToolBar1.Dock(0)
ENDIF
至此，系统主表单创建完成。

任务 5—— 程序的编译与发布

当整个项目创建完成以后就可以将项目文件连编为可执行文件。本项目把主程序设置为主文件，作为应用程序的入口。

1）设置主文件。选定 main.prg 文件，从"项目"菜单中选择"设置主文件"命令，此时 main.prg 文件名以粗体显示。

2）连编应用程序。单击项目管理器中的"连编"按钮，在弹出的"连编选项"对话框中选择"连编可执行文件"，输入可执行文件存放的路径和文件名。

3）制作安装盘，发布应用程序。该过程通过"工具"菜单的"安装"向导来完成。

项 目 小 结

通过本项目的学习，读者可以学会使用 Visual Foxpro 开发数据库应用程序的完整过程。本项目中实现的是工资管理系统的原型系统，可以对系统进行扩展，使工资管理更加完善。

通过本项目的学习，读者可以参照本实例完成简单的 Visual Foxpro 数据库管理系统，如企业人事管理系统、客户管理系统等。